Yoganathan Kamaraj

Isolamento e Caracterização de Consórcios Microbianos

Yoganathan Kamaraj

Isolamento e Caracterização de Consórcios Microbianos

Envolvidos na degradação do polietileno para a sua potencial aplicação na biodegradação do PEBD

ScienciaScripts

Imprint

Any brand names and product names mentioned in this book are subject to trademark, brand or patent protection and are trademarks or registered trademarks of their respective holders. The use of brand names, product names, common names, trade names, product descriptions etc. even without a particular marking in this work is in no way to be construed to mean that such names may be regarded as unrestricted in respect of trademark and brand protection legislation and could thus be used by anyone.

Cover image: www.ingimage.com

This book is a translation from the original published under ISBN 978-613-9-94039-4.

Publisher:
Sciencia Scripts
is a trademark of
Dodo Books Indian Ocean Ltd., member of the OmniScriptum S.R.L Publishing group
str. A.Russo 15, of. 61, Chisinau-2068, Republic of Moldova Europe
Printed at: see last page
ISBN: 978-620-4-09027-6

ISOLAMENTO E CARACTERIZAÇÃO DOS CONSÓRCIOS MICROBIANOS ENVOLVIDOS NA DEGRADAÇÃO DO POLIETILENO PARA SUA POTENCIAL APLICAÇÃO NA LDPEBIODEGRADAÇÃO

Ganesh Punamalai

Yoganathan Kamaraj

Dineshraj Dhurairaj

ISOLAMENTO E CARACTERIZAÇÃO DOS CONSÓRCIOS MICROBIANOS
ENVOLVIDOS NA DEGRADAÇÃO DO POLIETILENO PARA SUA POTENCIAL APLICAÇÃO NA LDPEBIODEGRADAÇÃO

Dr. Ganesh Punamalai, M.Sc., Ph.D.

Dr. Yoganathan Kamaraj, M.Sc., Ph.D.

Dr. Dineshraj Dhurairaj, M.Sc., M.Phil., Ph.D.

Correspondência

Dr. P. GANESH, Ph.D.,
Professor Assistente,
Departamento de Microbiologia,
Faculdade de Ciências,
Universidade Annamalai, Annamalai Nagar- 608002,
Tamil Nadu, ÍNDIA
E-mail : drpganesh@gmail.com
Móvel: 09994530678

Índice:

CAPÍTULO - I

INTRODUÇÃO

Os plásticos tornaram-se uma parte indispensável da vida humana, que são derivados de polímeros sintéticos petroquímicos de carbono, hidrogénio e oxigénio. O rápido crescimento da população mundial levou ao aumento da procura de plásticos de base. Este aumento transformou-se num grande desafio para as autoridades locais, responsáveis pela gestão de resíduos sólidos e saneamento. Devido à falta de uma gestão integrada dos resíduos sólidos, a maior parte dos resíduos plásticos não é recolhida adequadamente nem eliminada de forma adequada para evitar os seus impactos negativos sobre o ambiente e a saúde pública, mais do que os resíduos plásticos estão a causar a destruição e asfixia do sistema de esgotos. Os plásticos de petróleo são os polímeros sintéticos não biodegradáveis que se acumulam à taxa de 25 milhões de toneladas por ano, contaminando o solo e a água (Eubeler *et al.*, 2010). Do ponto de vista ecológico, o acúmulo de resíduos plásticos no meio ambiente é uma preocupação crescente; a produção de plásticos tem crescido significativamente nos últimos 30 anos, com uma taxa média anual de crescimento de 10%. Uma estimativa geral da geração mundial de resíduos plásticos é de cerca de 57 milhões de toneladas anuais (Shristi Kumar *et al.*, 2007). A sua eliminação após a sua utilização causa vários problemas ambientais. Os resíduos são tipicamente categorizados com base em seu ponto de geração. As categorias incluem municipais, comerciais, industriais, agrícolas, construção e demolição (C&D). A maioria dos resíduos plásticos, incluindo a grande proporção utilizada em aplicações de uso único, tais como

embalagens, são descartadas em aterros sanitários. No entanto, o plástico persiste em aterros sanitários e, se não for enterrado adequadamente, pode mais tarde vir à superfície e tornar-se "lixo". Os resíduos plásticos representam uma enorme carga para o meio ambiente, porque a sua durabilidade do plástico garante a sua nova degradação e acelera a acumulação na natureza. O lixo plástico tornou-se uma parte omnipresente do nosso ambiente. Embora quase não existam dados sobre o destino ambiental dos fragmentos, parece que a sua biodegradação é extremamente lenta e, actualmente, dificilmente é possível fazer uma estimativa aproximada do tempo necessário para a sua biodegradação em certa medida substancial (Datta, *et al.*, 1998).

Os microplásticos podem ser ingeridos por vários animais marinhos que, por engano, identificam os microplásticos como plâncton. Assim, é provável que os detritos plásticos ingeridos penetrem e se acumulem na cadeia alimentar, exercendo múltiplos perigos que o seu resultado ainda tem de ser elucidado (Frias *et al.*, 2010 e Teuten *et al.*, 2009).

Na década de 1950, três grupos de pesquisa trabalhando independentemente descobriram três catalisadores diferentes que permitiram a produção de polietileno linear primário a baixa pressão e temperatura. Esses polímeros tinham densidades na região de 960kg/m3 e ficaram conhecidos como polietileno de alta densidade (PEAD), em contraste com os polímeros produzidos pelo processo de alta pressão, amplamente comercializado, que foram denominados polietileno de baixa densidade (PEBD). Estas descobertas organizam a base para a catálise de coordenação da polimerização do etileno, que tem continuado a ganhar densidade. Destas descobertas em óleo padrão (Indiana), petróleo Phillips e por Karl Ziegler no Instituto Max-plastic Furkohlenforschung, as últimas das duas foram amplamente comercializadas.

O polietileno é um dos plásticos de engenharia mais utilizados, que é o mais simples de todos os polímeros comerciais e, no entanto, é o plástico mais popular do mundo. As suas propriedades de resistência química e à água e a facilidade de fabrico tornam-no popular nas indústrias químicas. A sua estrutura molecular fornece a chave para a sua versatilidade. O polietileno de baixa densidade é utilizado principalmente em aplicações de filmes, tanto para aplicações de embalagem como não embalagem. Outros mercados incluem o revestimento por extrusão de chapas em cabos e aplicações de moldagem por injeção. A maior saída para o PEBD é o mercado de filmes, que é utilizado principalmente em embalagens alimentícias e não alimentícias. As aplicações alimentares incluem embalagens de carne e aves, produtos lácteos, snacks e doces, sacos para alimentos congelados e embalagens de líquidos em caixa. É utilizado onde são necessárias películas de alta transparência, tais como sacos de produtos e películas para panificação. A película fina de polietileno de alta densidade (PEAD) é amplamente utilizada em indústrias alimentícias, de vestuário, abrigo, transporte, construção, médicas e de recreação.

A biodegradação deste polímero despejado em ambiente aberto é muito lenta e isso não permite que os micróbios tenham fácil acesso a eles devido às mais fortes ligações intermoleculares. O processo comercial (PEBD) é uma polimerização radical livre que utiliza iniciadores de peróxidos orgânicos a 420 - 570 K e 1000 - 3000 atmosferas de pressão. O eteno (pureza superior a 99,9 %) é comprimido e passado para um reator junto com o iniciador. O polietileno fundido é removido, extrudido e cortado em grânulos, densidade de cerca de 0,91- 0,94 g/cm3 o comprimento médio da cadeia de PEBD cerca de 400 - 40000 átomos de carbono, o PEBD é geralmente amorfo e transparente com cerca de 50% de cristalinidade e o PEBD tem cerca de 20 ramos por 1000 átomos de carbono. A estrutura molecular do PEAD é uma espinha dorsal linear da unidade repetidora (-CH2-CH2-)n com um ligeiro grau de ramificação. As propriedades da resina são determinadas pelo tipo e percentagem de co-monómero dentro da cadeia polimérica e pelo peso molecular global.

A biodegradação é definida como um processo que ocorre devido à secreção de enzimas por organismos vivos (bactérias, fungos e actinomicetos) levando à sua decomposição química. A biodegradabilidade inicial depende da formação do biofilme, que é definido como uma camada de expulsão dos microrganismos e seus polissacáridos secretados, etc., na superfície do polímero. No polietileno, estes ocorrem a decomposição do polímero em oligómeros de baixo peso molecular e, portanto, as porções divididas levam ao metabolismo das enzimas microbianas que gradualmente dissimilam as macromoléculas das extremidades da cadeia que ocorrem no final do processo, os fragmentos da cadeia tornam-se suficientemente curtos para serem consumidos pelos microrganismos (Lau *et al.*, 2009). A degradação extrema leva à formação de CO_2 e água. O pré-requisito para que esse processo ocorra é que o microorganismo seja capaz de usar o polímero como sua única fonte de carbono. A presença apenas de cadeias longas de carbono nas poliolefinas termoplásticas torna estes polímeros não sensíveis à degradação por microrganismos. Pela incorporação de grupos heterogêneos como o oxigênio nas cadeias de polímeros, as substâncias poliméricas são feitas lábil para degradação térmica e biodegradação (Gowariker *et al.*, 2000).

A biodegradação é regida por diferentes fatores que incluem as características do PEBD, o tipo de organismo e a natureza do pré-tratamento. As características do polímero como mobilidade, tática, cristalinidade, peso molecular, tipo de grupos funcionais e substitutos presentes em sua estrutura e plastificantes ou aditivos adicionados ao polímero desempenham um papel importante em sua degradação (Gu *et al.*, 2000; Artham, e Doble, 2008).

Forças físicas, tais como aquecimento/arrefecimento, congelamento/descongelamento, ou molhagem/secagem, podem causar danos mecânicos, tais como a rachadura de materiais poliméricos (Kamal e Huang, 1992). O crescimento de muitos fungos também pode causar inchaço e estouro em pequena escala, à medida que os fungos penetram nos sólidos poliméricos (Griffin, 1980). Os PEBD também são despolimerizados por enzimas microbianas, após o que os monómeros são absorvidos pelas células microbianas e biodegradados (Goldberg, 1995). A degradação enzimática do PEBD por hidrólise é um processo de duas etapas: a enzima liga-se primeiro ao substrato de PEBD e depois catalisa uma clivagem hidrolítica. O PEBD pode ser degradado pela ação de despolimerases intracelulares e extracelulares em fungos de decomposição do PEBD. A degradação intracelular é a hidrólise de um reservatório de carbono endógeno pelos próprios micróbios acumuladores enquanto que as degradações extracelulares são a utilização de uma fonte exógena de carbono não necessariamente pelos microrganismos acumuladores (Tokiwa e Calabia, 2004). Durante a degradação, enzimas extracelulares de microorganismos quebram polímeros complexos que produzem cadeias curtas ou moléculas menores, por exemplo, oligômeros, dímeros e monômeros que são menores o suficiente para passar as membranas semi-permeáveis. O processo é chamado de despolimerização. Há vários trabalhos relatando tanto a formação de grupos carbonilo (oxidação) quanto a redução do peso molecular após o tratamento com luz UV (Koutny *et al.*, 2006; Fontanella *et al.*, 2010). Vários métodos estão disponíveis para estimar a biodegradabilidade do PEBD. É desejável estimar a biodegradabilidade de resíduos plásticos em condições naturais como o solo (Orhan e Buyukgungo, 2000).

Como os microorganismos possuem características diferentes, a degradação varia de um microorganismo para outro. Os microrganismos degradam os polímeros como o polietileno, o poliuretano, utilizando-o como substrato para o seu crescimento (Glass and Swift, 1989). Vários fatores responsáveis pela biodegradação são os tipos de polímeros, características do organismo e o tipo de tratamento necessário (Gu *et al.*, 2000; Artham e Doble, 2008). Descoloração, separação de fases, rachadura, erosão e delimitação são algumas das características que indicam a degradação dos polímeros. A quebra de ligações, a transformação devido a produtos químicos e a síntese de novos grupos funcionais são responsáveis pelas variações (Pospisil e Nespurek (1997).

O polímero extracelular de polissacarídeos produzido por fungos facilita a colonização na superfície do polímero e as hifas fúngicas são uma exploração da capacidade de distribuição e penetração. Volke- Sepulveda *et al.* (2002); Manzur *et al.* (2004), trabalharam em *Aspergillus niger* e outras linhagens do gênero *Aspergillus* incluindo *Aspergillus terreus, Aspergillus fumigatus* (Sahebnazar *et al.*, 2010) e *Aspergillus flavus* (El-Shafei *et al.*, 1998). Alguns relatos na literatura confirmam a capacidade das bactérias de degradar o polietileno. Sivan *et al.* (2006) identificaram uma cepa biofilmentante de Rhodococcus ruber (C208) que degradou o PE a uma taxa de 0,86% por semana. Hadad *et al.* (2005) isolaram uma cepa bacteriana termófila (707), identificada como Brevibacillus borstelensis, que utilizava PE padrão e foto-oxidado. A capacidade da espécie Bacillus de utilizar PE, com e sem aditivos pró-oxidantes, também foi avaliada.

A fim de estabelecer a extensão da biodegradação do polímero, sete características diferentes são geralmente monitoradas; os grupos funcionais na superfície, hidrofobicidade/hidrofilicidade, cristalinidade, topografia de superfície, propriedades mecânicas, distribuição de peso molecular e consumo do polímero.

No presente estudo é feito para investigar a comunidade microbiana de microrganismos biodegradadores de polietileno, a partir dos vários locais de depósito de lixo plástico dos distritos de Cuddalore foram identificados. Analisou-se a capacidade das estirpes com base no consumo de substâncias poliméricas e foi feita uma triagem através da análise SEM. O aumento de estirpes microbianas efetivamente dominantes de cinco bactérias como (*Pseudomonas aeruginosa, Bacillus sp, Burkholderia pseudomaiae, Alcaligenes* sp Fungos de árvores (*Aspergillus glacus, Aspergillus niger, fusarium* sp) e Actinomycetes (*sreptomycetes,* foram individualmente e combinados simultaneamente para o aumento da população microbiana e degradação, tais metabolismos microbianos e suas substâncias secretoras As quantidades crescentes de população microbiana que desenvolvem a degradação microbiana dos filmes de PEBD foram analisadas pelo método FT-IR de análise estrutural e DRX.

OBJECTIVOS DO PRESENTE ESTUDO

> Isolar os microorganismos degradantes do polietileno dos vários locais de depósito de resíduos plásticos.

> Para triagem de sua capacidade de biodegradação do polietileno utilizando meios livres de carbono mínimo e perda de peso dos filmes de polietileno.

> Identificar as bactérias degradantes do polietileno utilizando características morfológicas, bioquímicas e genómicas e identificar os fungos e actinomicetos

em comparação com as culturas MTCC padrão.

> Para triagem da produção de enzimas despolimerizadoras microbianas.

> Para melhorar a biodegradação do PEBD, preparar misturas combinadas de materiais de transporte de esterco de quintal, lignite e bagaço de cana de açúcar com tratamento microbiano em consórcios com PEBD.

> Para determinar a degradação do PEBD, observar a redução de peso usando a balança.

> Investigar as alterações fisiológicas nos consórcios microbianos tratados com PEBD e propriedades utilizando análise SEM.

> Investigar a formação de cristalinidade de consórcios microbianos degradados tratados com PEBD usando DRX.

> Investigar as mudanças estruturais nos consórcios microbianos tratados com PEBD com FTIR.

CAPÍTULO - II

REVISÃO DE LITERATURA

2.1 VISÃO GERAL DA BIODEGRADAÇÃO DE POLÍMEROS

2.1.1 Geração de resíduos plásticos

Os plásticos são moléculas poliméricas de cadeia longa feitas pelo homem. Há mais de meio século, os polímeros sintéticos começaram a ser utilizados como substitutos dos polímeros naturais, como a celulose e a lignina, para maior durabilidade e estabilidade. Agora os polímeros sintéticos são amplamente utilizados em quase todos os domínios da vida humana e tornaram-se indispensáveis. O uso do plástico duplicou a cada quatro a cinco anos desde 1970. Como resultado, o plástico de alto uso tornou-se um dos componentes de crescimento mais rápido do fluxo de resíduos (Smith, 2005). Como a maioria dos plásticos é derivada dos materiais básicos extraídos do petróleo, carvão e gás natural, existe alguma preocupação quanto à sua sustentabilidade.

Os resíduos plásticos são os fatos que os aterros ocupam o espaço que poderia ser utilizado para meios mais produtivos, como a agricultura (Zhang *et al.*, 2004). Isto é agravado pela lenta degradabilidade da maioria dos plásticos, pois isso significa que a terra ocupada não está disponível por longos períodos de tempo. Os componentes plásticos dos resíduos de aterros sanitários têm demonstrado persistir por mais de 20 anos (Tansel e Yildiz, 2011). Isto deve-se à disponibilidade limitada de oxigénio nos aterros; o ambiente circundante é essencialmente anaeróbico.

(Massardier-Nageotte, 2006; Tollner *et al.*, 2011). A degradação limitada que é experimentada por muitos plásticos deve-se em grande parte à degradação termooxidativa (Andrady, 2011) e as condições anaeróbicas nos aterros só servem para limitar ainda mais as taxas de degradação. O lixo plástico nos aterros também atua como fonte de uma série de poluentes ambientais secundários (Zhang *et al.*, 2004). Os poluentes de nota incluem orgânicos voláteis, tais como benzeno, tolueno, xilenos, etil benzeno e trimetil benzeno, liberados tanto como gases quanto contidos em lixiviados (Urase *et al.*, 2008).

De acordo com Iranzo *et al.* (2001), a diversidade metabólica das bactérias torna-as um recurso útil para a remediação da poluição do ambiente. Há exemplos suficientes para sugerir que há poucas ou nenhumas substâncias que não podem ser utilizadas, pelo menos em parte, por micróbios para atividades metabólicas. As bactérias têm sido utilizadas na limpeza de derrames de óleo de metais pesados, como arsénico, mercúrio, cádmio e chumbo (De *et al.*, 2008; Hazen *et al.*, 2010).

A biodegradação é uma alternativa atraente às práticas atuais de eliminação de resíduos, pois geralmente é um processo mais barato, potencialmente muito mais eficiente e não produz poluentes secundários, como os associados à incineração e ao aterro sanitário (Luigi *et al.*, 2007). Em alguns casos, pode até ser possível obter produtos finais úteis com o benefício econômico do metabolismo bacteriano de poluentes, por exemplo, etanol para uso em biocombustíveis (Iranzo *et al.*, 2001).

2.1.2 POLIETILENO

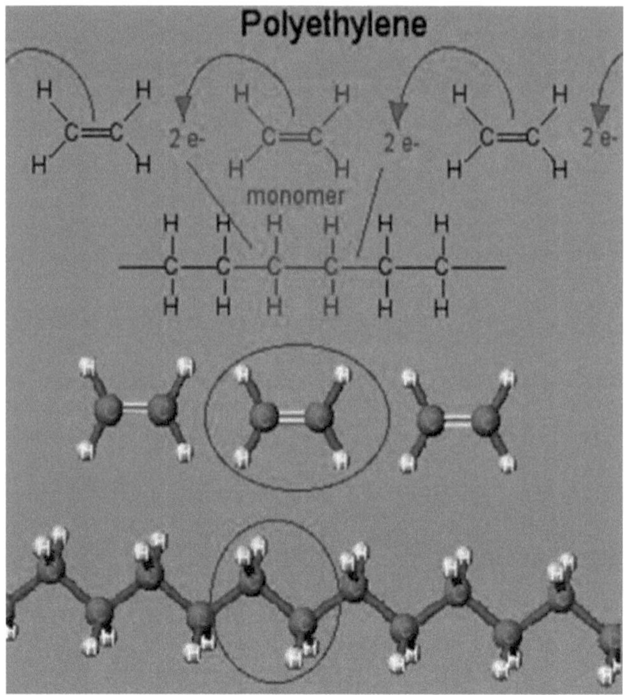

O PE (polietileno) é um polímero estável e consiste em longas cadeias de monómeros de etileno. O PE não pode ser facilmente degradado com microorganismos. Entretanto, foi relatado que oligômeros de PE de menor peso molecular (MW = 600-800 Mol/g) foram parcialmente degradados por *Acinetobacter* sp. na dispersão, enquanto o PE de alto peso molecular não pôde ser degradado (Tsuchii *et al.*, 1980).

Chiellini (2004) afirmou que o PE consiste em moléculas com peso molecular muito elevado (Mw), várias centenas de unidades -CH2- montadas em conjunto. O tamanho molecular torna-o inacessível ao citoplasma de microorganismos onde as moléculas podem ser digeridas pelas enzimas intracelulares. Como outras macromoléculas, o PE não pode ser desintegrado em pequenos fragmentos que podem atravessar a membrana citoplasmática, uma vez que o PE tem uma reatividade química muito limitada. Apenas os raros defeitos na espinha dorsal do PE, tais como ramificações, ligações duplas ou grupos carbonilo, podem actuar como centro reactivo. Contudo, foi identificado que algumas cepas de microrganismos podem utilizar PE de baixo peso molecular.

Albertsson *et al.* (1987) observaram o aumento drástico do uso de materiais plásticos não biodegradáveis durante as últimas três décadas não foi acompanhado pelos correspondentes procedimentos de desenvolvimento para a eliminação segura ou degradação destes polímeros. O lixo plástico tornou-se uma parte omnipresente do nosso ambiente. Embora quase não existam dados sobre o destino ambiental dos fragmentos, parece que a sua biodegradação é extremamente lenta e, actualmente, dificilmente é possível fazer uma estimativa aproximada do tempo necessário para a sua biodegradação em certa medida substancial.

Kwpp e Jewell, (1992) relataram que o polietileno é um dos polímeros sintéticos de alto nível hidrofóbico e tem alto peso molecular. Na sua forma natural, não é biodegradável. Assim, o seu uso na produção de materiais de descarte ou embalagem causa perigosos problemas ambientais.

O PEBD (Polietileno de Baixa Densidade) é definido por uma faixa de densidade de 0,910 - 0,940 g/cm3. Possui um alto grau de ramificação de cadeias curtas e longas, o que significa que as cadeias não se encaixam também na estrutura cristalina. Tem, portanto, forças intermoleculares menos fortes, uma vez que a atração dipolo induzida instantaneamente é menor. Isto resulta em uma menor resistência à tração e maior ductilidade. O PEBD é criado pela polimerização dos radicais livres. O alto grau de ramos com cadeias longas dá ao PEBD fundido propriedades de fluxo únicas e desejáveis (Ratzlaff, 2004).

Foram considerados sete procedimentos de teste diferentes para avaliar a toxicidade aguda por inalação de produtos de combustão de várias formulações de polietileno. Os produtos de combustão gerados a partir do polietileno estudado no modo não inflamável parecem ser ligeiramente mais tóxicos do que os produzidos no modo inflamável. No modo não inflamável, os valores de LC 50 variaram de 5 a 75 mg 1-1. No modo "flamejante" os valores de LC 50 variavam entre 31 e 51 mg 1-1. A toxicidade dos produtos de degradação do polietileno parece ser semelhante à encontrada para outros materiais comuns concebidos para os mesmos usos finais (Maya Paabo e Barbara Levin, 1987).

Bikiaris e Panayiotou (1998) relataram a biodegradabilidade de misturas PE/amido de baixa densidade melhoradas com um compatibilizador. Os únicos efeitos ambientais adversos conhecidos dos filmes de PE são quando eles são ingeridos por animais selvagens e encapsulamento de material em aterros e no solo, alterando assim os processos microbianos para anaerobiose. Para este tipo de contaminação é por vezes utilizado o termo "macro poluentes". O politeno e o plástico podem às vezes causar obstrução no intestino de peixes, aves, vacas, veados e vários outros (Bollag *et al.*, 2000).

Yutaka Tokiwa *et al.* (2004) afirmaram (PEAD) o polietileno de alta densidade e (PEBD) o polietileno de baixa densidade são os plásticos sintéticos mais comumente utilizados. Uma porção muito visível dos resíduos municipais e industriais consiste em filmes de polietileno (PE) utilizados em larga escala como material de embalagem, sendo um exemplo típico para o consumidor final os sacos de compras. O polietileno também é utilizado em grandes quantidades na agricultura para a construção de casas verdes ou aplicado diretamente na superfície do solo como películas de cobertura morta, havendo, portanto, uma preocupação crescente sobre se o lixo plástico não compromete ou não a qualidade do solo (Marek Koutny *et al.*, 2005).

O polietileno e o plástico são os dois polímeros com aplicações muito variadas. Eles são recalcitrantes e, portanto, permanecem inertes à degradação e deterioração levando à sua acumulação no ambiente e, portanto, criando graves problemas ambientais (Nayak Priyanka e Tiwari Archana, 2011).

Usha *et al.* (2011) afirmaram que o polietileno de baixa densidade é uma das principais fontes de poluição ambiental. O polietileno é um polímero feito de longas cadeias de monômeros de etileno. O uso do polietileno cresce mundialmente a uma taxa de 12% ao ano e cerca de 140 milhões de toneladas de polímeros sintéticos são produzidos em todo o mundo a cada ano. Com uma quantidade tão grande de polietileno se acumula no meio ambiente, gerando problemas ecológicos de resíduos plásticos e precisou de milhares de anos para sua eficiente degradação.

2.2 BIODEGRADAÇÃO DO POLIETILENO

Albertsson *et al.*   (1987) sugeriram que a biodegradação não é significativo no primeiro passo da degradação biológica do polietileno, que tem uma boa resistência aos microrganismos.

Albertsson e Karlsson (1990); Orhan e Buyukgungor (2000) afirmaram que esta abordagem tem a vantagem de utilizar estirpes puras, o que é uma forma conveniente de investigar vias metabólicas ou avaliar o efeito de diferentes condições ambientais na degradação do polietileno. Uma desvantagem desta abordagem é que ela ignora a possibilidade de que a biodegradação do polietileno possa ser o resultado de um processo cooperativo entre diferentes espécies. Estas limitações são evitadas pela segunda abordagem, na qual é aplicado o uso de ambientes complexos e comunidades microbianas.

A maioria dos polímeros é demasiado grande para passar através das membranas celulares, pelo que devem ser primeiro despolimerizados para pequenos monómeros antes de poderem ser absorvidos e biodegradados dentro das células microbianas. A decomposição inicial de um polímero pode resultar de uma variedade de forças físicas, químicas e biológicas (Swift, 1997). Há pesquisas consideráveis sobre o desenvolvimento de plásticos biodegradáveis, bem como sobre a degradação de plásticos existentes usando microorganismos. Uma vez que os microorganismos são capazes de degradar a maioria dos materiais orgânicos e inorgânicos, incluindo lignina, amido, celulose e hemiceluloses.

A biodegradação é regida por diferentes fatores que incluem as características do polímero, tipo de organismo e natureza do pré-tratamento. As características do polímero como mobilidade, tática, cristalinidade, peso molecular, tipo de grupos funcionais e substitutos presentes em sua estrutura, e plastificantes ou aditivos adicionados ao polímero, desempenham um papel importante em sua degradação (Artham e Doble, 2008; Gu *et al.*, 2000).

Hakkarainen e Albertsson (2004) relataram que a degradação do polietileno pode ser classificada como abiótica ou biótica, sendo a primeira definida como deterioração causada por fatores ambientais como temperatura, irradiação UV, enquanto a segunda é definida como biodegradação causada pela ação de microorganismos que modificam e consomem o polímero levando a mudanças em suas propriedades. É importante destacar que embora os danos ao polietileno sejam classificados por apenas um destes dois modos de dano, na natureza é típico que ambos atuem de forma cooperativa.

No caso do PE oxidado, os compostos activos de superfície microbiana também podem desempenhar um papel muito importante. Parece que uma adição de um

detergente com propriedades físico-químicas diferentes dos biosurfactantes pode afectar a biodegradação, mais provavelmente de forma negativa, porque provavelmente pode aumentar a mobilidade de compostos pouco solúveis, mas ao mesmo tempo pode também comprometer a adesão microbiana na superfície do material (Orr *et al.*, 2004). Existem, em princípio, duas abordagens para a biodegradação

experiências. Os primeiros a utilizar meios complexos naturais, com comunidades microbianas mistas estabelecidas com uma vasta gama de estirpes e actividades microbianas, permitem imitar a biodegradação in situ, como no solo ou composto. A segunda trabalha com cepas microbianas definidas em um meio sintético onde as experiências podem ser controladas e reproduzidas precisamente, dando a possibilidade de comparar experiências de diferentes laboratórios e deduzir informações relativas ao mecanismo de biodegradação.

Santo *et al.* (2012); Yoon *et al.* (2012) embora haja evidências suficientes que comprovam a biodegradação do polietileno, ainda há falta de conhecimento sobre as vias metabólicas completas envolvidas no processo e na estrutura e identidade de todas as enzimas envolvidas. Apenas alguns avanços foram feitos neste sentido e mesmo assim as conclusões delineadas requerem verificação.

A biodegradação do politeno é um processo natural onde microorganismos que utilizam este polímero complexo orgânico como fonte de carbono e energia e que se transformam biologicamente em um processo mais simples. Como os microorganismos possuem características diferentes, a degradação varia de um microorganismo para outro (Bhardwaj *et al.*, 2012). Esta degradação microbiana é a mais amplamente aceita devido à sua eficiência. Recentemente vários microrganismos foram relatados para a degradação de plásticos.

Pramila *et al.* (2012) foram relatados como sendo a biodegradação o método mais seguro de decomposição que possivelmente deixa para trás menos resíduos tóxicos e mostra potenciais de ciclagem química bio-geo do substrato. Uma quantidade considerável de trabalho tem sido realizada nesta área, mas a maioria deles está associada ao Polietileno de Baixa Densidade (PEBD) misturado.

Microorganismos como bactérias e fungos estão envolvidos na degradação tanto de plásticos naturais como sintéticos (Gu *et al.*, 2000). A biodegradação dos plásticos prossegue ativamente sob diferentes condições do solo de acordo com suas propriedades, porque os microorganismos responsáveis pela degradação diferem uns dos outros e têm suas próprias condições ótimas de crescimento no solo. Os polímeros, especialmente os plásticos, são potenciais substratos para microrganismos heterotróficos (Glass and Swift, 1989).

Uma quantidade significativa de compostos de baixa MW é liberada para meios aquosos a partir de película de PE oxidado. Foi demonstrado que os compostos podem ser consumidos por microorganismos, seguido da liberação de compostos de baixa molecular para meios aquosos a partir de amostras termo e foto-oxidadas de PEAD e PEBD por NMR. Estas substâncias foram consumidas completamente por *Rhodococcus rhodochrous* durante 4 dias de cultivo. As mesmas amostras, sem pré-tratamento de oxidação, não liberaram nenhuma substância. Em outro estudo Albertsson *et al.* (1995), em suas pesquisas, compostos extraídos até 12 comprimentos de carbono foram completamente removidos por uma cultura de *Arthrobacter paraffineus*, como demonstrado com a técnica GC-MS. Após o cultivo, uma nova série de sinais produzidos por alcanos com vinte a vinte e seis átomos de carbono apareceu no cromatograma, indicando que, pela ação bacteriana, alguns compostos com maior MW e menor solubilidade também poderiam ser extraídos. Neste contexto, poderia ser interessante a existência de compostos microbianos tenso-ativos permitindo a utilização de substratos insolúveis.

Larkin *et al.* (2005) investigaram tais compostos, por exemplo, com *Rhodococcus eryrthropolis* DSM 43215 crescendo em alcanos mais altos (Lang e Philp, 1998). Eles estão relativamente firmemente associados à superfície bacteriana, aumentam sua hidrofobicidade e medeiam a adesão das bactérias na superfície do substrato e o transporte passivo das moléculas do substrato. Isto poderia estar relacionado com a muito baixa concentração crítica de micelas dos biosurfactantes em comparação com os compostos sintéticos superficiais activos comuns. Para outro substrato pouco solúvel, o fenantreno, foi demonstrado que a transferência de fase entre o substrato sólido e o meio aquoso foi o processo de controlo da taxa de - biodegradação (Bouchez *et al.*, 1995).

De acordo com Bonhomme *et al.* (2003), a degradação do polietileno comercial ambientalmente degradável foi investigada em duas etapas. Primeiro por oxidação abiótica em forno de ar para simular o efeito do ambiente do composto e, segundo, na presença de microorganismos selecionados. A formação inicial do bio-filme foi seguida por microscopia de fluorescência e o subsequente crescimento de bactérias na superfície do plástico foi observado por microscopia eletrônica de varredura (MEV). Observou-se que o crescimento microbiano ocorreu na presença de amostra de PE que tinha sido moldada por compressão em seção espessa, mas que não tinha sido deliberadamente pré-oxidada. O aumento molecular e alargamento da distribuição de peso molecular ocorreu após pré-aquecimento no ar a 60°C, mas não à temperatura ambiente, mas a colonização de microorganismos ocorreu em todas as amostras. A erosão da superfície do filme foi observada nas proximidades dos microorganismos e a decomposição dos produtos de oxidação na superfície do filme de polímero foi medida pela medida FTIR e verificou-se que estava associada à formação de proteínas e polissacarídeos atribuíveis ao crescimento de microorganismos.

Gu, (2003) descobriu que os microorganismos não são capazes de transportar os polímeros diretamente através de suas membranas celulares externas para as células onde a maioria dos processos bioquímicos ocorrem, devido à falta de - hidrossolubilidade e ao comprimento das moléculas do polímero. Para utilizar esses materiais como fonte de carbono e energia, os microrganismos desenvolveram uma estratégia especial. Os micróbios excretam as enzimas extracelulares que despolimerizam os polímeros fora das células. As enzimas extracelulares e intracelulares despolimerases estão activamente envolvidas na degradação biológica dos polímeros. Durante a degradação, as exoenzimas de microorganismos decompõem polímeros complexos que produzem cadeias curtas ou moléculas menores, por exemplo, oligómeros, dímeros e monómeros, que são suficientemente pequenos (solúveis em água) para passar as membranas bacterianas externas semi-permeáveis e depois serem utilizados como fontes de carbono e energia (Gu, 2003). Este processo inicial de decomposição do polímero é chamado de despolimerização. Quando os produtos finais são espécies inorgânicas, por exemplo, CO_2, $H2O$ ou $CH4$, a degradação é chamada de mineralização.

Os microorganismos associados aos filmes plásticos e copos recuperados do solo foram quantificados e identificados, revelaram a presença de bactérias e fungos em grande número. As espécies microbianas identificadas a partir das amostras de sacos de polietileno testadas foram *Bacillus* sp., *Staphylococcus* sp., *Streptococcus* sp., *Diplococcus* sp., *Micrococcus* sp, *Pseudomonas* sp. e *Moraxella* sp. Entre as espécies fúngicas identificadas, *Aspergillus niger, A. ornatus, A. nidulans, A. cremeus, A. flavus, A. candidus e A. glaucus* foram as espécies predominantes (Kathiresan, 2003). Com os avanços da tecnologia e o aumento da população global, os materiais plásticos encontraram amplas aplicações em todos os aspectos da vida e das indústrias. Entretanto, a maioria dos plásticos convencionais, como polietileno, polipropileno, poliestireno, cloreto de polivinila e tereftalato de polietileno são degradados muito lentamente (não biodegradáveis), e seu crescente acúmulo no meio ambiente tem sido uma ameaça para o planeta. Envolveu a estratégia como a produção de plásticos com alto grau de degradabilidade.

Usha *et al.* (2011) investigaram a biodegradação do saco de polietileno e do copo de plástico e analisaram 2, 4 e 6 meses de incubação no método de cultura líquida. A população heterotrófica de micróbios em politeno e plástico, contagem bacteriana foi registrada até 62,71x104 e 56,52 x ^{104}, a contagem de fungos variou de

44,32 x102 e 35,62 x ^{102} e a de actinomicetos variou de 72,54 x 104 e 64,75 x 104. As espécies microbianas associadas aos materiais politeno foram identificadas como *Pseudomonas* sp, *Bacillus* sp, *Staphylococcus* sp, *Aspergillus nidulans, Aspergillus flavus* e *Streptomyces* sp. A eficácia dos micróbios na degradação do politeno e dos plásticos foi analisada no método de cultura líquida (agitador), entre as bactérias *Pseudomonas* sp. degradam 37,09 % do politeno e 28,42 % dos plásticos no período de 6 meses. Entre as espécies fúngicas 20,96 % de polietileno e 16,84 % de plásticos e *Streptomyces* 46,16 % de polietileno e 35,78 % de plásticos. Este trabalho revela que as *Streptomyces* sps possuem maior potencial para degradar o politeno e os plásticos quando comparados com outras bactérias e fungos.

2.2.1 Significado da Biodegradação

O processo de biodegradação é muito amigo do ambiente. O crescimento dos micróbios responsáveis pela biodegradação deve ser otimizado através do controle da temperatura, umidade, tempo de incubação e do substrato como o polietileno, poliuretano, que são consumidos como fonte de carbono e energia. Isto ajuda na produção de grandes quantidades de enzimas. Estas enzimas microbianas induzem a taxa de biodegradação dos plásticos muito eficazmente, sem causar qualquer dano ao ambiente.

2.3 ISOLAMENTO E IDENTIFICAÇÃO DE MICRORGANISMOS DEGRADANTES DO POLIETILENO

2.3.1 Isolamento e identificação de bactérias degradantes do polietileno

Hadad *et al.*　 (2005) isolaram uma estirpe bacteriana termófila, *Bravibacillus borstelensis,* que foi encontrado mais efetivo na degradação do polietileno de baixa densidade ramificado do que a cepa de *Rhodococcus*.

Sowmya *et al.* (2014) foram isolados *Bacillus cereus* de um lixão local do distrito de Shivamogga para uso na biodegradação do polietileno. Uma amostra do solo desse lixão foi usada como fonte para isolamento do *Bacillus cereus cereus*. A degradação foi realizada utilizando peças de polietileno autoclavado tratadas com UV e esterilizadas superficialmente.

Vários microorganismos indígenas foram isolados do solo do aterro sanitário municipal coletado. Meio de crescimento enriquecido com 0,2 g de PEBD em pó foi utilizado para peneirar as bactérias do solo com potencial de biodegradação. As bactérias peneiradas foram submetidas a um ensaio de biodegradação na presença de folhas de PEBD em meio de crescimento. Quatro estirpes deram 5 %, 17,8 %, 0,9 % e 0,6 % de taxa de degradação baseada na perda de peso no ensaio *in vitro* realizado durante quatro dias. A folha máxima degradada foi analisada através de microscopia eletrônica de varredura, espectroscopia de infravermelho de Fourier e termogravimetria, tomando como controle a folha de PEBD não degradada. Os resultados ilustraram a perda de peso em uma etapa com controle e em três etapas com teste. Assim, comprovou a eficácia da tensão isolada. A identificação da estirpe foi realizada por isolamento genômico de DNA seguido por PCR e seqüenciamento de rRNA 16S. A identificação genotípica revelou a bactéria como *Pseudomonas citronellolis*. BLAST deu uma semelhança com a base de dados de 96 %, assim a avaliação filogenética clarificou a bactéria como uma nova estirpe. O isolado foi nomeado como *Pseudomonas citronellolis* EMBS027 e a sequência foi depositada como espécie degradante do PEBD, no GenBank com número de adesão KF361478 (Mayuri Bhatia *et al.*, 2014).

Microorganismos podem degradar plásticos em mais de 90 gêneros, a partir de bactérias e fungos, entre eles; *Bacillus megaterium, Pseudomonas* sp., *Azotobacter, Ralstonia eutropha, Halomonas* sp., etc. (Chee *et al.,* 2010). Plástico degradação por micróbios devido à atividade de certas enzimas que causam clivagem das cadeias poliméricas em monômeros e oligômeros. Plástico que foi enzimaticamente decomposto mais tarde absorvido pelas células microbianas a serem metabolizadas. O metabolismo aeróbico produz dióxido de carbono e água. Ao invés do metabolismo anaeróbico produz dióxido de carbono, água e metano como produtos finais (Usha *et al.,* 2011). Este estudo visa isolar as bactérias dos resíduos plásticos de polietileno que podem degradar o plástico de polietileno.

De acordo com Dede Mahdiyah *et al.* (2013) foram isoladas bactérias usadas NA (Nutrient agar) medium e TSA (Tryptic Soy Agar) medium foram incubadas por cinco dias. Os isolados foram tomados para análise durante 1 mês de incubação no método de cultura líquida a 37°C com agitação de 130 rpm. A biodegradação do polietileno foi resultado do isolamento de 22 TSB (usado meio Triptic Soy Broth) foi de 17 % em 1 mês. As contagens microbianas nos materiais degradantes foram registradas acima de 3,08 x 10^6. As espécies microbianas encontradas associadas aos materiais degradantes foram identificadas como hastes Gram positivas, não tendo esporos.

2.3.2 Isolamento e identificação de fungos degradantes do polietileno

Watanabe *et al.* (2009) isolaram e identificaram três tipos de micróbios degradantes *Bacillus circulans, Bacillus brevies,* e *Bacillus sphaericus,* pelo método de enterramento no solo. Diferentes cepas fúngicas, por exemplo, *Mucor rouxii* NRRL 1835 e *Aspergillus flavus* (El-Shafei *et al.,* 1998), *Penicillium simplicissimum* YK

(Yamada-Onodera *et al.*, 2001), e *Phanerochaete chrysosporium* (Iiyoshi *et al.*, 1998), foram relatadas como PE degradante.

Organismos bem adaptados para crescer em filmes de PEBD em ambiente com deficiência de nutrientes foram utilizados para estudar *in vitro* sua capacidade de degradar o PEBD de acordo com as diretrizes da ASTM, autoridades ISO. Em cultura líquida, o valor do carbono orgânico total solúvel em água (COT) triplicou após 14 dias de incubação, mas caiu abaixo do nível inicial nas próximas duas semanas. 15 - 58% de cobertura por *Penicillium* sp. somente após 65 dias e 44- 81% de crescimento superficial de *Humicola* sp. na película de PEBD mostraram sua afinidade com o polietileno. No ensaio de zona clara, não foram observadas zonas de halo ao redor das colônias, mas todos os isolados bacterianos mostraram maior crescimento na presença de polietileno (100 mg/l) (Tabassum Mumtaz *et al.*, 2006).

A diversidade e carga de fungos heterotróficos associados à degradação do politeno em locais poluídos com politeno ao redor de Chennai, Tamil Nadu foi isolada e identificada pela técnica de chapeamento e coloração. Cepas isoladas de fungos foram identificadas como *Aspergillus niger, A. japonicus, A. terreus A. flavus* e *Mucor* sp. Cepas predominantes de fungos *Aspergillus niger* e *A. japonicus* foram selecionadas para degradação do politeno sob condições laboratoriais. A sua eficácia na degradação de sacos comerciais de polietileno de baixa densidade (PEBD) foi estudada durante um período de 4 semanas em cultura de agitação sob condições laboratoriais. A biodegradação foi medida em termos de perda de peso média, que foi de quase 8 a 12% após um período de 4 semanas. Outras análises SEM (Scanning Electron Microscopy) confirmaram a degradação ao revelar a presença de porosidade e fragilidade da superfície do polietileno degradado por fungos. *Aspergillus japonicus* mostrou 12% de potencial de degradação quando comparado com *Aspergillus niger* de 8% de degradação em um período de um mês (Raaman *et al.*, 2012).

2.3.3 Isolamento e identificação de actinomicetos degradantes de polietileno

Edwards (1995) identificou *Nocardia* sp., na população de actinomycete sendo 8% do total de isolados de compostos baseados em substrato único, nomeadamente resíduos de cana de açúcar, serradura e solo plano. O número foi encontrado mais em compostos baseados em um único substrato do que em compostos baseados em múltiplos substratos. Tem sido sugerido que as populações de actinomycete aumentam durante o amadurecimento do composto.

Porter *et al.* (1960) alcançaram um conjunto de condições muito favoráveis ao isolamento preferencial dos actinomicetos dos solos, combinando o princípio da inibição seletiva dos moldes por meio de um antibiótico antifúngico com o do uso da modificação do meio Linden-bein de Benedict para limitar o desenvolvimento bacteriano. Uma técnica de camadas superficiais aumenta a eficácia do procedimento de isolamento.

Para avaliar a comunidade actinomycete que cresce em meio selectivo, McBeth-Scales starch-mineral agar - MBS (amido 10 g, $CaCO_3$ 3 g, K_2HPO_4 1 g, $(NH_4)_2SO_4$ 2 g, $MgSO_4.7H_2O$ 1 g, NaCl 1 g, ágar 25 g, pH 7.0), ágar R2A (Difco, pH 7,2) e ágar Krainsky (Krainsky, 1914) foi utilizado e as colônias de actinomycete foram isoladas aleatoriamente após 7-14 dias de incubação a 28°C.

De acordo com Priyanka Kishore, (2010) foram coletadas amostras para a diluição em série até a diluição de 10-3, 0,2 ml de cada diluição foram inoculados em placas duplicadas do meio ISP2 para o isolamento de actinomicetos pela técnica da placa espalhada. Após incubação, todas as placas incubaram a 37OC na incubadora durante 7 dias. Ambas as amostras foram processadas como amostra úmida e seca. Pela técnica de cultura pura as estirpes de actinomycetes foram isoladas. Nistatina e ácido nalidíxico foram utilizados como antifúngicos e antimicrobianos, respectivamente, em placas. 15 cepas puras de actinomicetos foram isoladas pelo método das placas de listras.

Actinomycetes, uma bactéria gram positiva de crescimento lento, são conhecidos como um organismo útil na busca de compostos bioativos. Neste estudo, 212 isolados de actinomicetos foram isolados de amostras de solo coletadas na área de Serdang, Bangi, Petaling Jaya e Putrajaya. Do total de 212 isolados, 91 mostraram a capacidade de degradar a celulose; 16 para manan e 90 para xylan. Os 212 isolados foram então submetidos a testes antimicrobianos, onde foram testados quanto à sua capacidade de produzir atividade antimicrobiana contra fitopatógenos selecionados. A partir do teste, apenas duas cepas de isolados (cepas 161 e 176) apresentaram resultado positivo em relação à *Xanthomonas campestris*. Estes dois isolados foram então identificados usando o microscópio de pesquisa (Jeffrey *et al.*, 2007).

A seleção dos meios de cultivo de bactérias e actinomicetos foi baseada no SEM e em observações ao microscópio de luz com a ajuda do manual de Bergey. Os meios testados foram o Agar de Isolamento de Actinomicetos (AIA), Agar Infusor do Coração Cerebral (BHIA), Base de Agar de Asparagina Glicerol (GAAB), Caldo Tio Glicolato Alternativo (ATGB), Bushnell e Hass Broth (BHB), Caldo Alcalino Czapeck (ACB), meio Luria-Bertani (placas LB) e meio Luria Bertani contendo Tributyrin (LBT). 20 ml dos respectivos meios foram vertidos em tubos de ensaio e foram preparados slants após a esterilização a 121°C durante 30 min. As folhas plásticas infectadas foram cortadas em pedaços de 1 cm2 e inoculadas no meio de ensaio. As culturas foram incubadas a 10, 25 e 35°C ± 1°C em condições escuras e claras (3000 Lux). O crescimento foi registrado em intervalos regulares (Madhuri Sharon e Chetna Sharon, 2012).

2.3.4 Caracterizações Fenotípicas

As classificações dos actinomicetos foram originalmente baseadas em grande parte nas observações morfológicas. Portanto, a morfologia ainda é uma característica importante para a descrição dos taxa e não é adequada em si mesma para diferenciar entre muitos gêneros. De facto, foi a única característica utilizada em muitas descrições iniciais, particularmente das espécies de Streptomyces nas primeiras edições do Manual de Bergey. Estas observações são melhor feitas pela variedade de meios de cultivo padrão. Vários dos meios sugeridos para o Projecto Internacional Streptomyces (Shirling & Gottlieb, 1966 e por Pridham *et al.*, 1957) provaram ser úteis nas nossas mãos para a caracterização das estirpes aderidas à colecção de cultura ARS actinomycetales (Labeda, 1985). Inclui alguns testes básicos como, cor da massa aérea, pigmento do lado reverso, pigmentos melanóides, morfologia da cadeia de esporos e morfologia dos esporos.

2.3.5 Análise filogenética de microrganismos 16s Análise rDNA

A extracção do ADN genómico, a amplificação do ADN ribossómico 16s (rDNA) mediada por PCR e a purificação dos produtos PCR foram realizadas como descrito anteriormente (Rainey and Stackebrandt, 1993). Os produtos de PCR purificados foram sequenciados utilizando um kit de sequenciação do ciclo de terminação Taq Dye Deoxy (Applied Biosystems Co., Foster City, Califórnia), conforme descrito no protocolo do fabricante. As misturas de reacção sequencial foram electroforesadas usando um sequenciador de ADN modelo 373A (Applied Biosystems). As 16s sequências rDNA obtidas foram alinhadas manualmente com as sequências de representantes da subclasse alfa das Proteobactérias.

Ausubel *et al.* (1992) foi isolado DNA genômico total para amplificação de 16S rDNA a partir de células cultivadas até a fase tardia de log por meio de um protocolo padrão. A amplificação do 5' final do gene 16S rDNA foi realizada com primers universais de *Escherichia coli:* primer forward 8-F (5'-AGAGTTTGATYMTGCTCAG-3') e primer reverso: 1942-R (5'-GGTTACCTTGTTACGACTT-3'). A homologia da sequência obtida com outras 16S rDNA sequências de bactérias estreitamente relacionadas foi testada com BLASTN ver. 2.2.1 (Altschul *et al.*, 1997).

Amplificação por PCR e sequenciamento do gene 16S rDNA os isolados que mostraram forte atividade antibacteriana foram submetidos a uma avaliação adicional por métodos moleculares. A extração do DNA genômico foi realizada utilizando um protocolo previamente publicado (Corbin *et al.*, 2001) com ligeiras modificações. Uma única colónia de cada isolado foi cultivada em 50 ml de Streptomyces Project Medium 2 (ISP2) durante 18-24 h a 26°C. Depois a cultura foi centrifugada durante 3 min a 2375 x rpm e o sobrenadante foi descartado. Eventualmente o DNA genômico das células bacterianas lisadas foi precipitado com 0,6 volume de isopropanol e purificado com etanol a 70% (Atashpaz *et al.*, 2010).

Pramila *et al.* (2012) as bactérias foram submetidas ao crescimento em um meio contendo PEBD como única fonte de carbono com e sem uma fonte de nitrogênio. Quatro espécies bacterianas foram isoladas. De acordo com as sequências do gene 16S rRNA, foram identificadas como *Brevibacillus parabrevis* (PL-1), *Acinetobacter baumannii* (PL-2,   PL-3) e *Pseudomonas citronelólis* (PL-4). A aderência bacteriana ao hidrocarboneto (teste BATH) foi feita para determinar a hidrofobicidade bacteriana. A biomassa bacteriana foi quantificada para estimar a densidade populacional do biofilme. Este trabalho se identifica claramente com nosso objetivo de encontrar um micróbio adequado para degradar o PEBD resistente, dando resultados promissores a partir deste estudo.

Hadi Maleki *et al.* (2013) para alcançar este objectivo, de 140 isolados recolhidos em todo o noroeste do Irão, 12 isolados de Streptomyces seleccionados que apresentavam uma elevada actividade antibacteriana contra bactérias patogénicas foram submetidos a reacção PCR para identificação através do gene 16S rDNA e análise de padrão de ADN polimórfico amplificado aleatório (RAPD).

2.4 Peneiramento da degradação do polietileno

As placas de polietileno contendo sais minerais de ágar foram inoculadas com as bactérias, fungos e actinomicetos isolados. Todos os isolados foram testados quanto à sua actividade de degradação. A zona clara foi observada após 10 dias de incubação a 25-30°C ao redor da colónia. Neste rastreio 5 de *Streptomyces* sp, uma de *Pseudomonas* sp, *Bacillus* e *Staphylococcus* sp dois de *Aspergillus* sp mostraram uma elevada actividade de degradação. Tipos similares de organismos foram relatados anteriormente, associados com a bolsa de polietileno e filmes plásticos no solo (Kathiresan, 2003).

Usha, (2011) polietileno em pó foi adicionado em meio salino mineral a uma concentração final de 0,1% (p/v) respectivamente e a mistura foi filtrada durante 1 hora a 120 rpm em agitador. Após a sonicação, o meio foi esterilizado a 121°C e a pressão durante 20 minutos. Cerca de 15 ml de meio esterilizado foi vertido antes do resfriamento em cada placa. Os organismos isolados foram inoculados em placas de polímero contendo ágar e depois incubados a 25-30°C por 2-4 semanas. Os organismos, produzindo zona de depuração ao redor de suas colônias, foram selecionados para análise posterior.

2.5 FACTORES QUE INFLUENCIAM A BIODEGRADABILIDADE

2.5.1 Enzimas microbianas

Os plásticos biodegradáveis podem ser reciclados para metabolitos úteis (monómeros e oligómeros) por microorganismos e enzimas. Como a ocorrência de microorganismos degradantes dos polímeros varia dependendo do ambiente, como o solo, mar, composto, lodo ativado, etc. É necessário investigar a distribuição e a população de microrganismos que degradam os polímeros em vários ecossistemas. Geralmente, a aderência de microorganismos na superfície dos plásticos seguida da colonização da superfície exposta são os principais mecanismos envolvidos na degradação microbiana dos plásticos. A degradação enzimática dos plásticos por hidrólise é um processo de dois passos: primeiro, a enzima liga-se ao substrato do polímero e depois catalisa uma clivagem hidrolítica. Os polímeros são degradados em oligómeros de baixo peso molecular, dímeros, monómeros e finalmente mineralizados em CO_2 e H_2O (Nishida e Tokiwa, 1993; Pranamuda *et al.*, 1997).

Os fungos e algumas bactérias produzem várias peroxidases e outras enzimas que são capazes, como consequência da sua acção comum, de oxidar e quebrar a estrutura da lignina molecular elevada normalmente muito recalcitrante e insolúvel (Kirk *et al.*, 1984). As enzimas lignolíticas são produzidas em condições de limitação de nutrientes (Cancel *et al.*, 1993) e, portanto, podem estar presentes em uma cultura degradante do PE. No entanto, a lignina como polímero, consistindo de anéis aromáticos de benzeno ligados por pontes contendo oxigênio e carbono, está muito distante do PE tanto estruturalmente como em sua reatividade. O confronto dos resultados de diferentes estudos revela que provavelmente o maior nível de oxidação abiótica e consequente diminuição do MW médio para menos de 5000 Da é o factor mais importante, se se desejar algum grau significativo de biodegradação num período de tempo razoável.

McCarthy (1987) relatou que os actinomicetos são amplamente distribuídos em ambientes naturais, como solos e compostos, onde dão uma importante contribuição para a reciclagem e humificação de nutrientes. São, portanto, uma fonte potencialmente útil de enzimas de decomposição da biomassa vegetal e a atividade contra os principais componentes (lignina, hemicelulose e celulose) tem sido identificada em muitas cepas.

A selecção das estirpes adequadas, que foram testadas para a degradação do PE, basearam-se, em princípio, cm três idcias: (i) Foram usadas cstirpcs dc coleta de bactérias pertencentes aos gêneros Streptomyces e estirpes de fungos, ambos produzindo enzimas lignolíticas. Os autores seguiram a idéia de que tanto a lignina quanto o PE é um substrato macromolecular insolúvel, durante sua biodegradação é excretada uma ampla gama de enzimas oxidantes com especificidade de substrato sem foco, que eventualmente poderiam atacar também o PE. (ii) Foram testadas cepas de coleta especialmente de bactérias Gram-positivas que crescem em n-alcanos mais altos. Nessas cepas podemos esperar a capacidade de utilizar PE oxidado como substrato de estrutura química similar, essas cepas também podem produzir biosurfactantes necessários para a mobilização de moléculas insolúveis de substrato hidrofóbico. (iii) Cepas isoladas do ambiente do solo contaminado regularmente durante muitos anos com PE, uma abordagem clássica em estudos de biodegradação. As experiências previamente discutidas no solo e especialmente as experiências de compostagem Chiellini (2004) mostraram que o PE pré-termo-oxidado pro-ox pode ser biodegradado em grande parte com um horizonte temporal de cerca de um ano. Isto poderia sugerir que os microorganismos presentes não esperam passivamente pelos produtos de menor MW de oxidação abiótica e contribuem de alguma forma para a oxidação do PE e clivagem da cadeia ou pelo menos que o ambiente biótico acelera os processos de oxidação abiótica. Alguns autores antecipam que os microorganismos que produzem enzimas lingolíticas extracelulares podem desempenhar um papel importante no processo de degradação do PE (Pometto *et al.*, 1992).

Shimao (2001) e Iiyoshi *et al.* (1998) foram relatados que bactérias podem usar diversas fontes de carbono como catabolitos. As enzimas para metabolizar estes diferentes substratos podem ser fornecidas de duas maneiras. Uma bactéria pode constantemente sintetizar todas as enzimas necessárias para a degradação ou então ativar a síntese enzimática conforme necessário para metabolizar quando necessário ou é termodinamicamente favorável. A peroxidase homem-ganês e a enzima que degrada a lignina parcialmente purificada de *Phanerochaete chrysosporium* são relatadas para degradar o polietileno de alto peso molecular.

A degradação oxidativa é o principal mecanismo para polímeros não hidrolisáveis, como o polietileno e o polipropileno (Shah *et al.*, 2008), o que leva à redução do seu peso molecular. As enzimas oxidantes que incluem peroxidase, mono oxigenase, manganês peroxidase oxidase e desidrogenase são responsáveis pela oxidação dos grupos etilénicos. Estas enzimas extracelulares ou intracelulares convertem o polímero em monómero, dímero ou oligómero que pode entrar na célula microbiana e depois ser utilizado como fonte de energia.

Iiyoshi *et al.* (1998) relataram que o polietileno de alto peso molecular é degradado por fungos que decompõem a lignina sob condições de nitrogênio limitado ou carbono limitado, e por peroxidase de manganês parcialmente purificada por uma cepa de *Phanerochaete chrysosporium.*

Ruxanda Bodirlau *et al.* (2010). A susceptibilidade dos biomateriais à base de amido à degradação enzimática por uma enzima -amilase e peroxidase foi investigada. Uma mistura polimérica de amido de milho com polietileno, designada por SLDPE, foi estudada. A degradação foi evidenciada por gravimetria, microscopia eletrônica de varredura (MEV), espectroscopia FTIR e difração de raios X. A análise realizada mostrou que a mistura de amido é susceptível à degradação enzimática, significativamente na presença de líquido iônico, como evidenciado pelo aumento da perda de peso e redução dos açúcares em solução. A análise SEM evidenciou a presença de fraturas e poros na superfície dos materiais, como resultado da degradação do amido por uma -amilase. Os espectros de FTIR confirmaram uma diminuição da ligação correspondente à ligação glicosídica (-C-O-C-) do amido.

Sabe-se que a biodegradação do polietileno ocorre por dois mecanismos: Hidro-biodegradação e oxo-biodegradação (Bonhomme *et al.,* 2003). Estes dois mecanismos concordam com a modificação devido aos dois aditivos, amido e pro - oxidante, utilizados na síntese do polietileno biodegradável. O polietileno de mistura de amido tem uma fase de amido contínuo que torna o material hidrofílico e, portanto, catalisado por enzimas amilásicas.

Nwogu *et al.* (2012) os ensaios enzimáticos mostraram que a peroxidase de manganês (MnP) pode ser a principal enzima envolvida na degradação do polietileno. Esses resultados sugerem a capacidade de P. *tuber-regium* e *P. pulmonarius* de degradar o polietileno. Peroxidase de manganês (MnP), peroxidase de lignina (LiP) e atividades enzimáticas lacrimogênicas produzidas por *P. tuber-regium e P. pulmonarius* durante a incubação em lâmina de polietileno. Ambos os cogumelos produziram MnP, LiP e enzimas laccase. A atividade de MnP produzida por *P. tuberregium* foi significativamente maior do que a atividade de LiP e laccase. Este resultado sugere que o MnP pode ser a principal enzima envolvida na degradação do polietileno. Por outro lado, as atividades de laccase produzidas por P. pulmonarius foram maiores que a atividade de MnP e LiP. Este resultado mostra que a enzima laccase pode também desempenhar um papel na degradação do polietileno. A purificação e caracterização da(s) enzima(s) catalisadora(s) da degradação do polietileno estão atualmente em estudo.

Enzimas responsáveis pela degradação do polietileno foram rastreadas a partir do *Bacillus cereus*. Enzimas foram identificadas como laccase e peroxidase de manganês. Estas enzimas foram produzidas em grande quantidade de atividade enzimática foi calculada pelo método espectrofotométrico. Observando esses resultados podemos concluir que, *Bacillus cereus cereus* pode atuar como solução para o problema causado pelo polietileno na natureza (Sowmya *et al.,* 2014).

2.6 MECANISMO DE DEGRADAÇÃO MICROBIANA

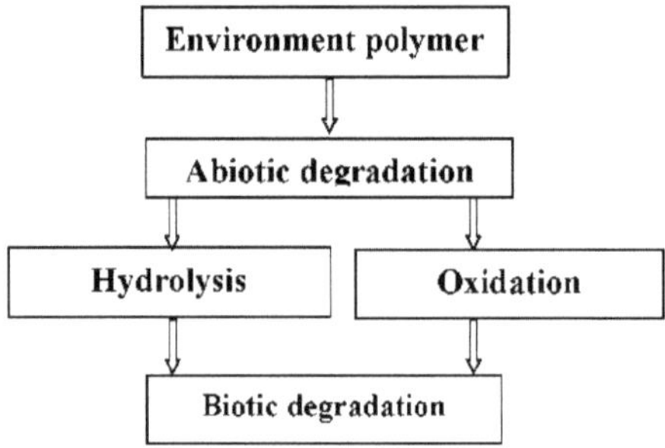

A degradação do polietileno pode ocorrer por diferentes mecanismos moleculares; químico, térmico, foto e biodegradação. Alguns estudos (Imam *et al.*, 1992; Gu, 2003) avaliaram a biodegradabilidade de alguns desses novos filmes, medindo mudanças nas propriedades físicas ou pela observação do crescimento microbiano após exposição ao ambiente biológico ou enzimático, mas principalmente pela evolução do CO_2.

Os microorganismos podem facilmente aceder, atacar e remover esta parte. Assim, a matriz hidrofílica de polietileno continua a ser hidrobiodegradada. No caso do aditivo prooxidante, a biodegradação ocorre após a foto-degradação e degradação química. Se o pró-oxidante é uma combinação metálica, após a transição, por oxidação térmica catalisada por metal, a biodegradação dos produtos de oxidação de baixo peso molecular ocorre sequencialmente (Yamada-Onodera *et al.*, 2001; Bonhomme *et al.*, 2003).

A produção de polímeros biodegradáveis está agora a aumentar rapidamente, e novos materiais poliméricos biodegradáveis foram desenvolvidos com base em vários factores, tais como estrutura de polímeros, modificação química/enzimática, mistura e tratamentos mecânicos. Os materiais poliméricos foram sujeitos a degradação por acções biológicas, químicas e ou físicas (mecânicas) no ambiente. Os materiais poliméricos são geralmente submetidos a estes factores simultaneamente no ambiente. Exemplos típicos relacionados à biodegradação são a hidrólise biológica por enzimas hidrolase e a oxidação por enzimas oxido redutase. A enzima hidrolase é responsável pela hidrólise de éster, carbonato, amida e ligações glicosídicas dos polímeros hidrolisáveis produzindo os oligómeros de baixo peso molecular correspondentes. A enzima oxidoredutase é responsável pela oxidação e redução do etilênico, carbonato, amida, uretano, etc (Matsumura, 2005). Hidrocarbonetos como polietileno, borrachas naturais e poliisopreno, lignina e carvão são primeiramente submetidos à oxidação biológica pela oxidoreductase, tais como oxigenases, hidroxilases, monoxigenases, peroxidases e oxidases no processo de biodegradação (Matsumura, 2005). Entretanto, o processo de degradação é precedido tanto por ações abióticas quanto bióticas no meio ambiente.

Os polímeros biodegradáveis são geralmente degradados através de duas etapas de degradação primária e biodegradação final. A degradação primária é a clivagem da cadeia principal formando fragmentos de baixo peso molecular (oligómeros) que podem ser assimilados pelos micróbios. A redução do peso molecular é causada principalmente pela hidrólise ou cisão em cadeia oxidativa. A hidrólise ocorre utilizando água ambiental com a ajuda de uma enzima ou em condições não enzimáticas (abióticos). A cisão oxidativa ocorre principalmente por oxigênio, um metal catalítico, luz UV ou uma enzima (Matsumura, 2005).

A cadeia de polímeros também pode ser clivada por deformações mecânicas, tais como dobra, prensagem ou alongamento. Os fragmentos de baixo peso molecular produzidos foram incorporados em células microbianas para posterior assimilação para produzir dióxido de carbono e células microbianas, produtos metabólicos sob condições aeróbias. Sob condições anaeróbicas, o metano é produzido principalmente no lugar de dióxido de carbono e água (Matsumura, 2005). A cisão em cadeia de polímeros é um dos fenômenos de degradação nas bolsas de bio-degradação. Este processo ocorre de duas formas, a despolimerização (exógena) e a cisão aleatória (endogênica). Na primeira, a cadeia de polímeros é clivada a partir do terminal da cadeia. Um oligômero solúvel em água é geralmente liberado no meio de reação e a taxa de redução do peso molecular do polímero residual é pequena. No último caso, a cadeia do polímero é clivada de forma aleatória. Neste caso, o peso molecular do polímero remanescente diminuiu rapidamente. Ao mesmo tempo, as propriedades mecânicas do polímero remanescente também são rapidamente reduzidas. A adição destes dois tipos de cisão da cadeia polimérica causa degradação no elo fraco. A cadeia do polímero é clivada na ligação relativamente fraca pelas várias acções físico-químicas.

Poliésteres, polianidridos, policarbonatos e poliamidas são principalmente degradados pela hidrólise em oligómeros de baixo peso molecular na degradação primária com subsequente assimilação microbiana no processo de biodegradação. Alguns outros mecanismos de degradação incluem a clivagem oxidativa por um mecanismo radical. A degradação oxidativa é o principal mecanismo para polímeros não hidrolisáveis, tais como poliolefinas, borracha natural, ligninas e poliuretanos. Para muitos polímeros, a hidrólise e a oxidação ocorrem simultaneamente no ambiente. A degradação da superfície e a degradação a granel são exemplos de mecanismos de degradação de polímeros, dependendo do local principal de degradação. O polímero tipo C-C polivinil contendo grupos laterais, tais como grupos alquílicos curtos e grupos fenólicos, são geralmente resistentes à biodegradação. O

PVA é facilmente biodegradável por micróbios que ocorrem no ambiente. O polietileno (PE) com um baixo peso molecular inferior a 1.000 g/mol é biodegradável (Albertsson e Banhidi, 1980; Cornell *et al.,* 1984).

A biodegradação do PE de baixo peso molecular envolve a eliminação da oxogenase (oxidação) pela ação de oxidoreductases, como a oxigenase, desidrogenase e oxidase, formando um ácido graxo com pós-oxidação. O mecanismo apresenta semelhanças com a típica -oxidação de ácidos graxos e n-alcanos. Para a degradação do PE, uma oxidação abiótica inicial da cadeia do polímero é também um passo necessário. Uma vez introduzidos os hidroperóxidos, um aumento gradual dos grupos cetónicos dos polímeros é seguido por uma diminuição dos grupos cetónicos quando os ácidos carboxílicos de cadeia curta são libertados como produtos de degradação. O efeito combinado de uma etapa oxidativa abiótica com a conseqüente ação biótica será uma mineralização lenta mas definitiva e progressiva (Albertsson *et al.,* 1987; Albertsson e Karlsson, 1990).

2.6.1 Mecanismo de Biodegradação Enzimática

As enzimas existem em todas as células vivas e, portanto, em todos os micróbios. As quantidades relativas das várias enzimas produzidas pelos microrganismos variam com as espécies e mesmo entre estirpes da mesma espécie. As enzimas são muito específicas na sua acção sobre os substratos, por isso as diferentes enzimas ajudam na degradação de vários tipos de substratos (Underkofl *et al.,* 1958).

O método mais atraente de tratamento de resíduos plásticos é a degradação enzimática. A degradação do polietileno através de enzimas microbianas compreende duas etapas. Em primeiro lugar, a enzima adere ao substrato de polietileno e depois catalisa uma clivagem hidrolica. As despolimerases intracelulares e extracelulares em fungos e bactérias degradam o polietileno. O conteúdo de carbono endógeno pelas próprias bactérias acumuladas é hidrolisado através da degradação intracelular, enquanto a utilização de fontes exógenas de carbono não necessariamente pelo acúmulo de microorganismos é a degradação extracelular (Tokiwa e Calabia, 2004). Polímeros complexos se desintegram em cadeias curtas de oligômeros, dímeros e monômeros que podem passar através das membranas bacterianas e atuar como fonte de carbono e energia. Este processo é referido como despolimerização. E mineralização é o processo de degradação no qual os produtos finais são dióxido de carbono (CO_2), água (H_2O) ou metano (CH_4) são produzidos (Frazer, 1994). Temperatura, pressão e umidade são os parâmetros físicos que mecanicamente danificam os polímeros devido aos quais as forças biológicas como enzimas e outros metabólitos produzidos por micróbios induzem o processo (Yang *et al.*, 2004).

Ruiz-Dueias e Martinez (2009) a degradação do politeno começa com a fixação de micróbios à sua superfície. Diversas bactérias *(Streptomyces viridosporus* T7A, *Streptomyces badius* 252 e *Streptomyces setonii* 75Vi2) e fungos degradantes da madeira produziram algumas enzimas extracelulares que levam à degradação do politeno (Iiyoshi *et al.*, 1998; Kim *et al.*, 2005). Nos fungos degradantes da madeira, o complexo enzimático extracelular (sistema ligninolítico) contém peroxidases, lacas e oxidases que levam à produção de peróxido de hidrogénio extracelular.

Jeffrey *et al.* (2007) test *in vitro* de actinomicetos para reação enzimática mostraram que 42,9% do total de isolados foram capazes de hidrolisar a celulose, 42.4 xylan hidrolisado e apenas 7,5 % mannan hidrolisado.

As lacas estão principalmente presentes em fungos lignina-iodegradáveis, onde catalisam a oxidação dos compostos aromáticos. Sabe-se que a atividade da laccase age sobre substratos não aromáticos (Mayer e Staples, 2002).

Laccase pode ajudar na oxidação da espinha dorsal de hidrocarboneto de polietileno. A cromatografia de permeação em gel determina que a lacuna sem células incubada com polietileno ajuda na redução do peso molecular médio e do número molecular médio de polietileno em 20% e 15%, respectivamente (Sivan, 2011). Laccase produzida pela actinomycete *R.ruber,* envolvida na biodegradação do polietileno.

Papaína e urease são as duas enzimas proteolíticas que foram encontradas para degradar o poliéster médico de poliéster uretano. O polímero degradado pela papaína foi devido à hidrólise das ligações uretano e uréia produzindo grupos amina e hidroxila livres (Phua *et al.,* 1987).

Hofrichter *et al.* (2001) lignina e peroxidases dependentes de manganês (LiP e MnP, respectivamente) e lacas são as três principais enzimas do sistema ligninolítico. As enzimas catalisam a hidrólise do ácido poliláctico (PLA), que é o plástico obtido a partir de recursos renováveis e o hidrolisado que pode ser reciclado como material para polímeros. Lipase de *Rhizopus delemar* e poliuretano esterase de *Comamonas acidovorans* tem sido investigada para a degradação de PLA de baixo peso molecular e PLA de alto peso molecular têm sido degradados com as cepas de Amycalotopsis sp. (Masaki *et al.,* 2005).

Algumas estirpes que são capazes de degradar o polietileno são *Brevibacillus* spp., *Bacillus* spp., onde as proteases são responsáveis pela degradação (Sivan, 2011). As enzimas responsáveis pela biodegradação por Pseudomonas spp. são hidrolases serinas, esterases e lipases. As PHA despolimerases são hidrolases serínicas capazes de atacar as cadeias ramificadas e os componentes cíclicos dos polímeros. *R. delemar* lipase degradou 53% do filme de poliéster tipo poliuretanos (ES- PU) após reação 24h. *C. acidovorans* degradaram o ES-PU composto de adipato de polietileno dietílico que continha um tipo de esterase (Shimao, 2001 e Tokiwa *et al.*, 2009).

Os fungos degradantes da lignina e da peroxidase de manganês, parcialmente purificados da estirpe de *Phanerochaete chrysosporium* também ajudam na degradação do polietileno de alto peso molecular sob condições de limitação de nitrogênio e carbono (Shimao, 2001). As famílias de enzimas ligninolíticas incluem fenol oxidase (laccase), heme peroxidases {(Lignin Peroxidase (LiP), Manganese Peroxidase (MnP), e Versatile Peroxidase (VP)}. (Dashtban *et al.*, 2010).

Vários organismos, incluindo as bactérias *Pseudomonas chlororaphis* e *Comomonas acidovorans,* bem como o fungo *Candida rugosa,* são a fonte de proteínas e enzimas como as poliuretanases putativas que têm sido isoladas e caracterizadas. As enzimas activas foram agrupadas em esterases, lipases, proteases e ureínas que degradam o substrato de poliuretano através da clivagem das ligações ésteres. *Pestalotiopsis microspora,* os fungos endofíticos isolados contendo hidrolase serina utilizam o poliuretano como substrato, fonte de carbono e degradam-no em poucos dias (Russell *et al.*, 2011).

2.6.2 Estimulação da degradação do polietileno

Ioannis Arvanitoyannisa *et al.* (1998) relataram que misturas de PEBD e amido de arroz ou batata foram extrudidas na presença de quantidades variáveis de água, prensadas a quente e estudadas quanto às suas propriedades mecânicas e sua permeabilidade ao gás/água e biodegradabilidade antes e depois do armazenamento. A presença de altos teores de amido (> 30 %, p/p) teve um efeito adverso nas propriedades mecânicas das misturas PEBD/amido. A permeabilidade ao gás e a taxa de transmissão de vapor de água aumentaram proporcionalmente ao teor de amido na mistura. Foram efectuados vários cálculos teóricos e semi-empíricos das propriedades mecânicas e da permeabilidade ao gás e fornecidas possíveis interpretações para os desvios ocasionalmente observados entre os valores experimentais e teóricos. A taxa de biodegradabilidade das misturas foi aumentada quando o teor de amido excedeu 10% (p/p).

A biodegradação oferece outra via mais eficiente e atraente para a gestão de resíduos ambientais. Os mecanismos envolvidos na biodegradação são complexos devido à interação de diferentes processos oxidativos causados pelo oxigênio presente no ar, por microorganismos ou por uma combinação dos dois (Glass *et al.*, 1989).

O material portador pode agir para melhorar a sobrevivência dos inóculos, fornecendo microorganismos com ambiente protetor para escapar de condições desfavoráveis no solo. As razões para a diminuição das populações de inóculos microbianos nas horas extras do solo incluem nutrientes insuficientes disponíveis para manutenção e replicação e condições ambientais subótimas como potencial métrico, pH e força iônica e temperatura (Van Elsas e Van Overbeek, 1993).

A irradiação UV (foto-oxidação), oxidação térmica e química do PE antes da sua exposição a um ambiente biótico aumenta a biodegradação (Gilan *et al.*, 2004). Estes pré-tratamentos aumentam a hidro-filicidade superficial do polímero pela formação de grupos adicionais, tais como grupos carbonílicos que podem ser utilizados por microrganismos (Albertsson 1980; Cornell *et al.,* 1984).

A biodegradabilidade das misturas PE/amido de baixa densidade foi melhorada com o compatibilizador. Bikiaris e Panayiotou (1998) relataram que a biodegradabilidade do PE também pode ser melhorada misturando-o com aditivos biodegradáveis, fotoiniciadores ou copolimerização. Griffin, (2007), Hakkarainen e Albertsson (2004) A degradação ambiental do PE prossegue por ação sinérgica de degradação foto e termo-oxidante e atividade biológica (ou seja, por microorganismos).

Enriquecimento e isolamento das bactérias que decompõem o PE depois que os vermes de cera mastigaram o suficiente dos sacos de PE para causar danos significativos observáveis; aproximadamente 200 das larvas foram coletadas dos sacos de PE contendo grãos de painço. Para obter o conteúdo intestinal para o enriquecimento das bactérias decompositoras de PE, as superfícies das larvas foram esterilizadas via imersão em etanol a 75% durante 1 minuto e depois enxaguadas 2 vezes com água salina estéril (SW). Em seguida, as entranhas das larvas foram retiradas e agrupadas em um tubo de centrifugação de 50 mL contendo 40 mL de SW. Após serem agitados num misturador vortex durante 5 minutos, os tecidos intestinais foram cuidadosamente removidos com uma pipeta. A suspensão restante, usada como inóculo microbiano, foi transferida para um Erlenmeyer de 250 mL que continha 1 g de pequenos pedaços de PE e 80 mL de LCFBM. Este frasco foi incubado em um agitador rotativo (120 rpm) a 30°C.

Após 60 dias, as peças residuais de PE foram removidas, e as culturas foram espalhadas por placas com três diferentes meios de ágar contendo substratos complexos de carbono orgânico: ágar dextrose de batata (PDA), ágar de broto de feijão (BSA) e ágar de extrato de feijão-peptona de carne (BPA). Após um período de incubação de 24 h, as colónias formadas foram transferidas para placas com meio de ágar fresco, onde foram mantidas até se obterem colónias puras de isolados (com base num teste de pureza microbiana). Estes isolados foram depositados no Centro Geral de Recolha de Cultura Microbiológica da China (CGMCCC) em Pequim, China.

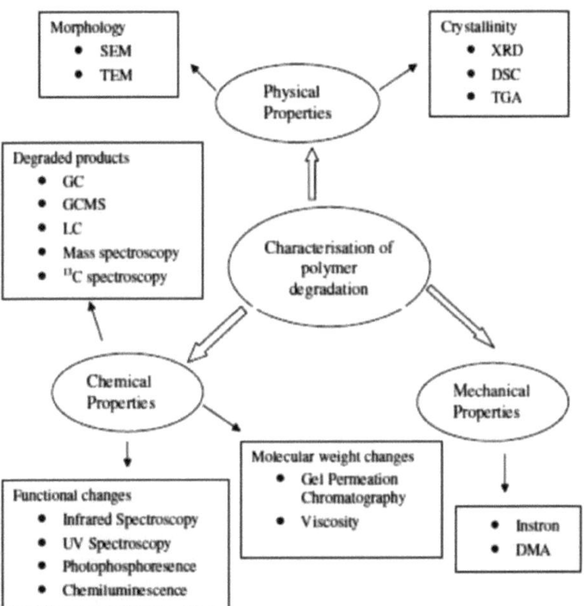

2.7 ANÁLISE DA DEGRADAÇÃO DO POLIETILENO

2.7.1 análise SEM

Os filmes de LDPE colonizados por fungos foram usados para análise de microscópio eletrônico de varredura (SEM). As propriedades físicas tais como alterações de superfície, micro-fendas, fossos e buracos no filme de PEBD pelos fungos em crescimento foram analisadas pelo SEM (Pramila e Vijaya Ramesh, 2011).

As amostras de polietileno foram retiradas do solo e foram secas em dessecadores durante 24 h sob vácuo. As amostras foram fixadas a vapor à temperatura ambiente durante três dias em um recipiente de vidro selável contendo dois copos, um contendo 10 ml de 25% de glutaraldeído em H2O e o outro contendo 5 ml de 5% de OsO4 em tampão fosfato 0,1 M a pH 7,0. Após a fixação, o recipiente foi arejado durante 20 h (Sivan *et al.*, 2006). As amostras foram revestidas a ouro com BAL-TEC-SCDOOS e examinadas com um microscópio eletrônico de varredura Philips-X LP30.

Labuzek, *et al.*, (2003) aplicaram analisadores de microscopia eletrônica de varredura (MEV) a fim de observar imagens microscópicas do crescimento ou fixação de fungos na superfície dos filmes e realizaram com uma MEV TESLA B340. As amostras de teste foram revestidas com a exposição de um feixe de íons de ouro usando PELCO S.C. 6 a 25 mA de corrente para 40S. Micrográficos das amostras foram obtidos em diferentes ampliações para identificar fissuras, furos e outras alterações na superfície durante o processo de degradação. O efeito da composição do polímero sobre as propriedades mecânicas foi determinado. Nós provamos que o filme composto tinha maior resistência à tração e alongamento na quebra do que o PEBD. Os filmes examinados foram incubados na presença dos fungos *Aspergillus niger e Penicillium funiculosum* isolados de uma lixeira. Foram observados grau de colonização e morfologia superficial dos filmes com um microscópio óptico e um microscópio eletrônico de varredura.

Para confirmação adicional, a análise SEM foi feita com ampliação diferente. As tiras de polietileno de controle apresentaram uma visão de superfície normal, mas as tiras de polietileno tratadas com *A. niger* e *A. japonicus* apresentaram corrosão superficial apreciável, dobras e rachaduras (Raaman *et al.*, 2012).

Aditi Sah (2011) Amostras de película de polímero (PEBD e PVC) retiradas do caldo após 5 dias de ensaio in vitro e esterilizadas à superfície com etanol a 70% durante 10 minutos, antes de serem secas em exsicadores durante 24 h sob vácuo. As amostras foram metalizadas com ouro (3 descargas de 40 mA/50s em átomo de argônio) em um metalizador de alto vácuo (Bal-Tec SCD 005) e analisadas por SEM (Leo, 435VF, UK) a 15,00 kV EHT e três ampliações sucessivas (0,8, 1,5 e 3,0 KX).

Usha *et al.* (2011) A análise SEM foi utilizada para a análise de filmes de PEBD após o período de degradação. Estes microorganismos utilizam o filme de polietileno como única fonte de carbono, colonizando na superfície dos filmes de polietileno. Estes resultados resultam na formação do biofilme. A hidrofobicidade da superfície celular destes organismos foi considerada um fator importante na formação do biofilme na superfície do polietileno, o que conseqüentemente aumenta a biodegradação dos polímeros. A colonização microbiana de uma superfície polimérica é o primeiro requisito para a sua biodegradação (Yabannavar e Bartha, 1993). A micrografia eletrônica de varredura mostrou a fixação de fungos na superfície do PEBD e a formação de vários orifícios e irregularidades, enquanto que a película de controle apareceu com superfície lisa, sem buracos, rachaduras ou quaisquer partículas fixadas em sua superfície.

2.7.2 Análise de Infravermelhos por Transformada de Fourier (FT-IR)

A mudança estrutural na superfície do PEBD foi investigada utilizando o espectrômetro EQUINOX 55 FT-IR. Para cada filme de PEBD, foi retirado um espectro de 400 a 4000 números de onda.cm21. Os índices de carbonil e dupla ligação foram calculados com base nas intensidades relativas da banda carbonil a 1.715 cm21 e da banda de dupla ligação a 1.650 cm21 até a banda de tesoura de metileno a 1.460 cm21 (Albertsson *et al.*, 1987).

Labuzek *et al.* (2003) estudaram o efeito da ação dos microorganismos sobre as amostras pela perda de massa e a espectroscopia FTIR foi estimada. Os resultados do estudo provaram que ambos os fungos eram capazes de degradar o polietileno *Penicillium funiculosum,* que é bem conhecido por secretar várias enzimas degradantes do polímero que assimilavam totalmente o filme composto contendo 40% deste polímero altamente hidrofóbico.

O aumento molecular e alargamento da distribuição de peso molecular ocorreu após pré-aquecimento no ar a 60°C, mas não à temperatura ambiente, mas a colonização de microrganismos ocorreu em todas as amostras. A erosão da superfície do filme foi observada nas proximidades dos microorganismos e a decomposição dos produtos de oxidação na superfície do filme polimérico foi medida por medidas FTIR e foi encontrada associada à formação de proteínas e polissacarídeos, atribuíveis ao crescimento dos microorganismos (Bonhomme *et al.,* 2003).

Juan-Manuel *et al.* (2014) explicaram, embora os resultados do FTIR discutidos possam parecer contraditórios à primeira vista, eles revelam que a degradação do polietileno é um processo complexo que pode ser diferente para diferentes microorganismos e diferentes comunidades. O que certamente é verdade é que a incubação com microorganismos gera mudanças nas concentrações de grupos funcionais na superfície de um substrato de polietileno, seja por causa de seu consumo ou produção. Em uma comunidade microbiana complexa na qual fatores abióticos também estão afetando a química do polímero, o efeito líquido observado (acúmulo ou consumo de grupos funcionais) dependerá do equilíbrio das taxas de oxidação e degradação, que por sua vez dependerá da natureza dos microrganismos presentes.

Neugebauer *et al.* (1999 e 2000) investigaram a degradação fotoquímica usando espectroscopia de infravermelho por transformada de Fourier (FTIR). Técnicas espectroscópicas de infravermelho sondam a química local e podem ser usadas para estudar a evolução dependente do tempo da intensidade dos sinais de grupos funcionais discretos em polímeros. Tanto o IRAS (espectroscopia IRAS) como o FTIR para investigar a degradação de polímeros PPV em células solares foi descrito na Secção 2.2. Estes estudos mostram uma diminuição nos sinais de ligação do vinil e um aumento nos sinais do grupo carbonilo esperados na degradação oxidativa deste tipo de polímeros (Dam *et al.*, 1999; Bianchi *et al.*, 2004).

A espectroscopia de infravermelho por transformação de Fourier (FTIR) foi utilizada para confirmar a biodegradação através da determinação da formação de novos grupos funcionais ou desaparecimento de grupos no polímero (Milstein *et al.*, 1994). Mudanças na estrutura do polietileno após a intempérie natural e posterior incubação com os isolados fúngicos foram analisadas pela espectroscopia FTIR (Perkin Elmer Spectrum BX11). O índice carbonil foi medido a partir do espectro FTIR no modo de transmitância, comparando-se as intensidades relativas da banda carbonil em aproximadamente 1712 cm-1 com a da banda de metileno em aproximadamente 1465 cm-1.

O ensaio de biodegradação realizado por Kyaw *et al.* (2012) com PEBD tratado por Pseudomonas aeruginosa foi analisado após estudo in vivo por 120 dias que proporcionou uma perda de peso de 20% e a degradação foi confirmada pela espectroscopia FTIR-ATR.

Hasan *et al.* (2007) relataram um aumento no crescimento de fungos e algumas mudanças estruturais como observado pelo FTIR, foram observadas no caso do PE tratado que, segundo Jacinto, indicou a quebra da cadeia de polímeros e a presença de produtos de oxidação do PE. O polietileno não degradado apresenta absorção quase nula nesses números de onda (http://www.dasma. dlsu.edu.ph/offices/ufro/sinag/Jacinto.htm). A absorção a 1710-1715 cm-1 (correspondente ao composto carbonílico), 1640 cm-1 e 830-880 cm-1 (correspondente a -C=C-), que surgiu após o tratamento UV e ácido nítrico, diminuiu durante o cultivo com consórcios microbianos.

A espectroscopia FTIR foi utilizada para confirmar que o mecanismo de biodegradação do poliuretano era a hidrólise da ligação éster em poliuretano. Os resultados obtidos por (Nakajima-Kambe *et al.* (1995) e Howard *et al.* (1999) indicaram que a biodegradação do poliuretano foi devida à hidrólise das ligações ésteres. A diminuição da razão de ligação éster sobre a ligação éter também foi de aproximadamente 50%, o que concordou com a quantidade medida de poliuretano degradado. Em nosso estudo os filmes plásticos PUR foram enterrados no solo por cerca de 6 meses. A análise FTIR destes filmes de PUR mostrou uma leve diminuição do pico de comprimento de onda 2963 cm-1 (controle) para 2957 cm-1 (teste) indicando a clivagem das ligações C\H e formação de C=C na região de 1400-1600 cm-1.

Sowmya *et al.* (2014) A degradação foi monitorada através da observação da perda de peso e alterações na estrutura física por Microscopia de Varredura Eletrônica

(SEM) e Espectroscopia de Infravermelho por Transformada de Fourier (FTIR). *Bacillus cereus* foi capaz de degradar o polietileno tratado (14%) de forma mais eficiente do que o polietileno autoclavado (7,2%) e o polietileno esterilizado de superfície (2,4%).

2.7.3 XRD

Os espectros XRD dos filmes de PEBD puro não irradiado por UV e UV antes e depois de 126 dias de incubação no solo, a presença e ausência dos microrganismos selecionados. Como mostrado nesta figura, os espectros de DRX mostram picos distintos a 21,4 e 23,5 da posição angular 2fi. A intensidade dos picos dos filmes irradiados por UV é maior que a dos filmes não irradiados por UV, essa diferença demonstrou claramente que o pré-tratamento de oxidação aumentou o grau de cristalinidade do polietileno.

A degradação térmica das contas de espuma de poliestireno foi investigada por Mehta *et al.,* (1995). As esferas de polímero colapsaram a 110-120°C, derreteram a 160°C, começaram a vaporizar a 275°C e volatilizaram-se completamente a 460-500°C. O calor da degradação não foi afetado significativamente pela densidade do polímero ou pelo tamanho do grânulo. Os filmes HIPS foram expostos a temperaturas de 80, 100 e 120°C na presença de ar para estudar sua degradação térmica. A oxidação térmica levou a uma superfície altamente reticulada e oxidada de polibutadieno devido à saturação de ligações duplas. A oxidação da matriz de poliestireno pode ser iniciada pelos radicais produzidos durante a degradação térmica do polibutadieno. Isso fez com que a matriz HIPS se tornasse termicamente menos estável que o poliestireno puro devido à presença do polibutadieno (Israel *et al.,* 1994). O padrão de degradação pode ser explicado devido à presença de alguns componentes além do estireno adicionado durante a fabricação do produto e à diminuição da resistência da ligação durante o

processamento.

CAPÍTULO - III

MATERIAIS E MÉTODOS

3.1 MÉTODOS GERAIS

3.1.1 Limpeza de artigos de vidro

Os artigos de vidro foram limpos com solução de sabão e tratados com solução de ácido crómico e, finalmente, foram limpos com água destilada, secos, esterilizados em forno de ar quente a 160OC durante 1 hora e utilizados para estudo posterior. Todos os produtos químicos e reagentes utilizados nas experiências foram de grau de reagentes analíticos (AR) e foi utilizada água destilada ao longo de todo o estudo.

3.1.2 Meios utilizados para o cultivo e tratamentos de degradação

NA (ágar Nutirent agar), TSA (ágar de soja triptico), PDA (ágar de batata dextrose), RBA (ágar de Bengalo-cloremfenicol rosa), AIA (ágar de isolamento Actinomycetes), SCA (ágar de caseína de amido), ágar mínimo e caldo mínimo foram obtidos nos *Himedia.*

As esterilizações dos meios foram realizadas por autoclavagem a 121 OC e 15lbs/sq inch de pressão durante 20 minutos. Os valores de pH do meio foram ajustados antes da esterilização com hidróxido de sódio 0,1 M ou ácido clorídrico para o valor desejado. Os filmes estéreis de PEBD (polietileno de baixa densidade) foram obtidos em lojas de departamento disponíveis.

3.1.3 Coleta de amostras

Os resíduos dos aterros sanitários de amostras de polietileno foram recolhidos em vários locais de aterros de resíduos plásticos em aterros da Cidade Velha de

Cuddalore, Manjakuppam, Kullanchavadi, Mutlur, Parangipettai, Chidambaram, Bhuvanagiri, Vadalur, Viridhachalam e Neyveli no Distrito de Cuddalore. As amostras foram coletadas em petritos de vidro estéreis, e armazenadas em temperatura de refrigeração para estudos futuros. Os trabalhos de isolamento foram iniciados dentro de 48 horas após a coleta das amostras. As amostras foram utilizadas para isolar o tipo de microorganismo presente em associação com a degradação do polietileno em várias condições ambientais.

3.1.4 Preparação do material portador

Os materiais de transporte de estrume da FYM (Estrume do quintal da fazenda) foram coletados em uma fazenda local próxima do Departamento de Zootecnia (Ciência Veterinária) da Universidade Annamalai. O bagaço (resíduos de cana de açúcar) foi coletado na loja de suco de cana de açúcar do lado da estrada em Chidambaram e a lignite (carvão) foi adquirida da Neyveli Lignite Corporation (NLC), em Neyveli.

3.2 ISOLAMENTO DE MICRORGANISMOS

3.2.1 Diluição em série:

As amostras de polietileno recolhidas em vários locais foram cortadas separadamente em pedaços e 1gm de cada amostra foi transferido para 9 ml de solução salina normal esterilizada para dar 10-1 diluição, adicionando 1ml da diluição 1:10 de 9 ml de água esterilizada faz uma diluição 1:100 respectivamente. As diluições foram preparadas para cada amostra com base na área de coleta para o isolamento de diferentes linhagens microbianas.

3.2.2 Isolamento de bactérias

Uma quantidade de 0,1 ml de cada amostra diluída em série de 10-6 foi, respectivamente, inoculada nas placas de mídia de NA estéril preparadas, todas as placas foram marcadas com a data do revestimento e o local de coleta da amostra e, em seguida, incubadas a 37 °C durante 24 - 48 hrs. Após o período de incubação, as colónias totais foram numeradas utilizando o contador de colónias e foi obtida a UFC. Com base nos caracteres morfológicos, as colónias bacterianas foram isoladas e cultivadas em meios selectivos, através de diferentes métodos de estrias em placas. As colónias purificadas foram mantidas e precedidas por processos de triagem e identificação.

3.2.3 Isolamento de fungos

Uma quantidade de 0,1 ml de cada amostra diluída em série de 10-3 foi retirada e inoculada em placas preparadas de Ágar Dextrose de Batata (PDA) e incubada a 25 - 30 °C durante 4-5 dias. Após o período de incubação com base nos caracteres morfológicos, as colônias fúngicas foram isoladas e cultivadas em placas de Ágar Cloranfenicol Rosa Bengala (RBA). As colônias purificadas foram mantidas e precedidas de processos de triagem e identificação.

2.3.4 Isolamento de actinomicetos

Uma quantidade de 0,1 ml de cada amostra diluída em série de 10-5 foi transferida para placas AIA preparadas pelo método da placa espalhada, e as placas foram incubadas a 20 °C durante 7 dias. Após o período de incubação os actinomicetos foram isolados e as colônias de actinomicetos foram coletadas utilizando laço estéril e estriadas em ágar de caseína de amido (SCA). Estas placas de SCA foram então incubadas durante 7 dias. Colónias puras de culturas de actinomicetos foram mantidas e precedidas de processos de rastreio e identificação.

$$CFU/g = \frac{N^{\underline{o}} \text{ de colónias X Factor de diluição}}{\text{Volume da placa de cultura}} \text{-X --------- Diluição total}$$

3.3 PENEIRANDO O POLIETILENO UTILIZANDO ISOLADOS

O caldo mínimo livre de carbono foi preparado para avaliar o polietileno utilizando o potencial dos isolados. Foram tomados 35 frascos de 100 ml de Erlenmayer e 50 ml de caldo mínimo livre de carbono enriquecido com três filmes de polietileno de 19-22 mg (2,5X2,5) foram adicionados respectivamente e incubados individualmente com microorganismos isolados (bactérias, fungos e actinomicetos). Os frascos foram incubados a 37 °C durante 3 meses em agitador a 130 rpm. Durante a incubação, a taxa de crescimento de cada isolado individual foi analisada quando sua fase estacionária foi analisada utilizando espectrofotômetro e filtro fixado com base no maior valor de transmissão de controle (em branco). A DO a 600 nm foi registrada após intervalos regulares de 30 dias até 3 meses de incubação e após isso a bactéria atinge a fase estacionária (Kapri *et al.*, 2009 e 2010).

Recuperação: Os filmes de polietileno foram recuperados do caldo de cultura, enxaguados e lavados com água destilada. Os filmes foram desidratados usando 77 % de etanol para remover a contaminação microbiana e depois secos ao ar em forno de ar quente a 60°C por 10 minutos para remover o teor de umidade.

Perda de peso (%) = (Peso inicial de final de peso) / Peso inicial * 100

3.4 IDENTIFICAÇÃO DE MICRORGANISMOS COLONIZADORES EM LDPE

O meio mínimo de ágar-ágar livre de carbono (500 ml) foi preparado e laminado. Após a solidificação, cada isolado individual foi esfregado em placas e colocado com filmes estéreis de polietileno (2,5 x 2,5 cm). Todas as placas tratadas foram incubadas à temperatura adequada para bactérias, fungos e actinomicetos *a* 37°C, 25-30°C e

20°C, respectivamente. Após o período de incubação, a colonização microbiana foi observada nas margens laterais do polietileno.

3.4.1 Identificação dos isolados bacterianos

As culturas bacterianas isoladas foram identificadas com base nos testes microscópicos e bioquímicos de acordo com o manual de bacteriologia determinante de Bergey. Os isolados bacterianos foram identificados macroscopicamente pela morfologia da colônia: pigmento superficial, forma, tamanho, margem, superfície em placas de ágar e

Examinado microscopicamente pelo método de coloração de Gram para estudar o comportamento de coloração, forma, disposição celular e capacidade de formação de esporos coloração e motilidade além da caracterização bioquímica.

3.4.1.1 Método de coloração de Gram Staining

Em uma lâmina limpa sem graxa, foi preparado um esfregaço fino usando laço estéril. O esfregaço foi seco ao ar e depois fixado com calor. Em seguida, foi inundado com violeta cristal durante 1 minuto, seguido de lavagem com água corrente da torneira e novamente inundado com o Iodo de Gram durante 1 minuto, seguido de lavagem com água corrente da torneira. Em seguida, a lâmina foi descolorada com 95% de etanol e lavada imediatamente, depois disso a lâmina foi contra-manchada com Safranin por 30 segundos, e lavada com água corrente da torneira, a lâmina foi seca ao ar e observada sob microscópio. Este método foi utilizado para determinar a morfologia e o caráter da parede celular de cepas selecionadas com base na forma, tamanho e reação de Gram.

3.4.1.2 Testes Bioquímicos para Identificação Bacteriana

As identificações bioquímicas das estirpes isoladas foram determinadas utilizando o kit de identificação bioquímica (Kit de identificação, HIMEDIA) e baseadas nos métodos bioquímicos manuais de Bergey. O kit de teste de Identificação Bioquímica é um sistema padronizado de identificação colorimétrica utilizando testes bioquímicos convencionais e testes de utilização de carboidratos. O teste é baseado no princípio de mudança no pH e utilização do substrato. Os organismos sofrem alterações metabólicas na incubação que são indicadas por uma mudança de cor no meio que é interpretado visualmente ou após a adição de um reagente.

Teste de catalase

O teste da catalase foi realizado para detectar a presença da enzima catalase através da inoculação de um laço cheio de cultura em tubos contendo 3 % de solução de peróxido de hidrogênio. O teste positivo foi indicado pela formação de efervescência ou aparecimento de bolhas, devido à decomposição do peróxido de hidrogênio em oxigênio e água.

teste de oxidase

O teste da oxidase foi utilizado para detectar a presença de citocromo -C oxidase que é responsável pela oxidação do corante. Foi provado com disco revestido com corante N- tetrametil parafenileno diamina dihidrocloreto (Himedia), um laço cheio de cultura foi colocado sobre o disco, resulta na formação de cor púrpura dentro de 10 - 30 seg indica reação positiva enquanto nenhuma mudança de cor indica uma reação negativa.

Teste de motilidade

O teste de motilidade foi aperfeiçoado para determinar a motilidade do organismo. As culturas bacterianas foram apunhaladas no meio de teste de motilidade

(Hi-media) e foram incubadas a 37°C durante 48 hrs. Turbidez e observação do crescimento além da linha da facada indicaram uma reacção positiva enquanto que uma clara visibilidade com o crescimento indica uma reacção negativa.

Teste de redução de nitratos

O teste de redução de nitratos foi usado para examinar a capacidade dos microrganismos de converter nitrato em nitrito pela adição de 1-2 gotas de ácido sulfanílico e 1-2 gotas de reagente N, N-Dimetil-Naptilanina a meio. A aparência de cor vermelha rosada na adição do reagente indica reação positiva. Nenhuma mudança de cor indica resultado negativo.

Teste de utilização de citratos

Este teste determina a capacidade das bactérias de converter o citrato (um intermediário do ciclo do Kreb) em oxaloacetato (outro intermediário do ciclo do Kreb). A utilização do citrato como única fonte de carbono e a conversão do citrato em oxaloacetato foi indicada pela mudança de cor do meio, de verde para azul profundo. Nenhuma mudança de cor indica resultado negativo.

Produção de gás a partir de glicose

A produção de gás a partir da glicose foi avaliada através da inoculação das estirpes isoladas no caldo de MRS. O caldo foi preenchido em tubos Durham e colocado em posição invertida nos tubos de ensaio e incubado a 37°C durante 48-72 horas. O movimento ascendente do tubo de Durham invertido indica reação positiva (produção de gás).

Teste de utilização de carboidratos

Os isolados bacterianos foram testados quanto à sua capacidade de fermentar carboidratos como glicose, sacarose, manitol, manose, arabinose e dextrose. A água peptona de Andrade foi preparada e esterilizada. 1% de cada carboidrato foi esterilizado por filtro e adicionado à respectiva água peptona de Andrade. 5 ml de cada caldo de carboidrato foram distribuídos em tubos de ensaio esterilizados. O organismo experimental foi inoculado em meio adequadamente rotulado sob condições estéreis. Todos os tubos de ensaio foram incubados durante 24 horas a 370C. A aparência de cor rosa escuro indicava a utilização de fonte de carbono e nenhuma mudança de cor indicava condição não utilizada.

3.4.1.3 Identificação de Bactérias por Sequenciação do 16S rRNA Gene

Extracção de ADN genómico: O DNA genômico foi extraído das colônias de bactérias isoladas usando um protocolo modificado do procedimento de salga descrito por Kannan *et al.*   (2015). A bactéria durante a noite

As culturas foram centrifugadas a 10.000 rpm, à temperatura ambiente (RT), durante 5 minutos. O pellet foi misturado com 300 pl de HLB, composto de 10 % de SDS (p/v), 1 M Tris-HCl, 0,5 % de EDTA e 4 M Nacl, após a mistura A mistura foi incubada com RNase (10mg/mL) durante 5 minutos. Em seguida, 100 pl de NaCl 6 M saturado e 200 pl de Clorofórmio foi adicionado e agitado vigorosamente durante 30 segundos, seguido de centrifugação a 10, 000 RPM durante 10 minutos. O sobrenadante foi transferido para um tubo Eppendorf fresco de 1,5 ml. Um volume igual de etanol absoluto foi adicionado cuidadosamente pela parede do tubo. A mistura foi novamente centrifugada a 10.000 RPM por 5 minutos e o sobrenadante descartado. Em seguida, o DNA precipitado foi pipetado para um novo tubo de Eppendorf e lavado duas vezes com etanol a 70% por centrifugação a 5000 RPM por 5 minutos. O granulado foi seco ao ar à temperatura ambiente durante 10 minutos. Em seguida, os pellets foram suspensos em 50pl de tampão TE. A amostra de DNA foi separada de acordo com seu peso molecular sob o sistema de eletroforese. Finalmente, a banda de DNA foi visualizada sob o sistema de Documentação em Gel (Lark, Alemanha). A concentração de ADN foi determinada medindo a absorvância na ração 260/280 nm e a suspensão de ADN foi armazenada a -85 °C até ser utilizada para PCR e posterior análise.

Identificação e estudos taxonómicos: Os isolados foram identificados pela sequência de genes 16S rRNA; foi amplificada pela reação em cadeia da polimerase (Kolbert e Persing, 1999). O volume da reacção PCR (50 pL) contendo 25 pL de 2X Prime Taq, 1 pL de ambos os primários (5'-AGA GTT TGA TCM TGG CTC AG - 3' e 5'- AAG GAG GTG ATC CAN CCR CA - 3'), 21 pL de água Milli Q e 2 pL de ADN extraído como modelo em 0,2 ml de tubo PCR de parede fina, o produto PCR foi purificado e sequenciado na Eurofins Genomics, Bangalore, Índia.

3.4.2 IDENTIFICAÇÃO DE FUNGOS

Após o período de incubação de 3-5 dias, a morfologia das culturas fúngicas foi determinada pelo exame macroscópico da formação de hifas, pigmentos e outras caracterizações fisiológicas e identificação microscópica de fungos, utilizando métodos de cultura de lactofenol algodão azul - lâmina (Buchanan e Gibbons, 1986; Barnett e Hunter, 1998; Barnett, 1960; Thom e Raper, 1945). As culturas MTCC foram obtidas e comparadas com os isolados fúngicos das caracterizações culturais.

3.4.3 IDENTIFICAÇÃO DE ACTINOMICETOS

Actinomicetos foram espalhados sobre SCA (Starch Casein Agar). Kawato e Shinobu (1959), método de deslizamento de cobertura foi empregado para análise microscópica onde o deslizamento de cobertura foi apunhalado no ágar no ângulo de 45°C e incubado a 30°C durante 6 dias. Após 6 dias de incubação, os actinomicetos foram examinados. As lâminas de cobertura foram então retiradas do ágar e colocadas sobre as lâminas preparadas. O corante Crystal Violet foi aplicado sobre as lâminas (Sahilah 1991). Foram então observadas lâminas sobre o microscópio. A identificação dos actinomicetos ao nível do género foi então realizada com base no The Bergey's Manual of Determinative Bacteriology, 9th edition (Zenova *et al.*, 2000; Pandey *et al.*, 2002). As características fenotípicas e quimiotaxonómicas dos Actinomycetes foram determinadas pelo método descrito por Shirling e Gottileb (1966). As culturas de MTCC foram obtidas e comparadas com os actinomicetos isolados de caracterizações culturais.

3.5. RASTREIO DE ISOLADOS MICROBIANOS PARA A SUA ACTIVIDADE ENZIMÁTICA

Para a produção de enzimas por microorganismos, o caldo mínimo foi preparado em frascos de 100 ml de Erlenmeyer e esterilizado. Em cada cultura foram adicionados filmes de polietileno em massa e incubados por amoníaco. Após o período de incubação, os filmes de polietileno foram removidos e o caldo foi centrifugado a 10.000 rpm durante 20 minutos utilizando uma centrífuga refrigerada, a temperatura foi reduzida para 4°C.

3.5.1 Ensaio de Despolimerase (Bhatt *et al.*, 2010).

A atividade da PHB-depolimerase foi testada pelo método turbidimétrico. Inicialmente, uma suspensão estável de 0,7 mg PHB foi preparada e dissolvida em 1 ml de tampão de acetato (pH = 6,0) por sonicação a 20 KHz durante 10 min. A mistura de reação consistiu de substrato (suspensão de PHB) e solução enzimática na proporção de 3/1 por volume. A suspensão de PHB foi utilizada como um branco. Tanto a mistura em branco como as amostras de teste foram incubadas a 40°C durante 20 min. Após a incubação, a sua absorção a 650 nm foi medida utilizando um espectrofotómetro (Systronic 118). A atividade enzimática foi calculada através da diminuição da turbidez de PHB. Uma unidade de actividade da PHB-despolimerase é definida como a degradação de 1 mg de PHB por minuto.

3.5.2 Ensaio de peroxidase de manganês (Vares *et al.*, 1995)

A atividade da peroxidase de manganês (MnP) foi monitorada com fenol vermelho como substrato a 30°C. As misturas de reação continham 25 mM lactato, 0,1mM MnSO4, 1mg de albumina de soro bovino, 0,1mg de vermelho de fenol e 0,1ml de filtrado de cultura em tampão de succinato de sódio 20mM (pH 4,5) em um volume total de 1mL. A reação foi iniciada pela adição de H2O2 à concentração final de 0,1mM e foi interrompida após 1min com medição de 50pl de NaOH e A610 a 10%. A atividade máxima de peroxidase foi expressa como o aumento em A610 min-1 ml-1.

3.5.3 Ensaio de lignina peroxidase (Tien e Krick, 1984)

A peroxidase de lignina foi medida usando álcool veratryl a 25°C. A mistura de reação consiste em tampão de tartarato de sódio 0,1M (pH 3,0). 0,4 mM de álcool veatrilico e 1,65 ml de filtrado de cultura em um volume total de 0,3 ml. A reação foi iniciada pela adição de H2O2 a uma concentração final 0,2 mM e A310 foram monitorados.

3.5.4 Rastreio de laccase e ensaio de peroxidase de manganês

A bactéria isolada foi rastreada para a produção da laccase utilizando o meio de rastreio da laccase (LSM). A bactéria foi inoculada na placa de ágar LSM e a placa foi incubada durante 7 dias em condições escuras. O substrato utilizou a cor marrom-avermelhada no meio de rastreio indica a estirpe positiva para o laccase (Viswanath *et al.*, 2008).

3.5.5 Ensaio de amilase (Annamalai *et al*, 2011)

A mistura de reação foi preparada misturando 0,5 ml de amido solúvel a 1% (substrato) em 1,2 ml de tampão fosfato de potássio 50 mM (pH 7) e adicionando 0,3 ml do sobrenadante (enzima) em seguida. O ensaio foi realizado utilizando quatro tubos de ensaio, a saber, Teste (T), Controlo de Substratos (SC), Controlo de Enzimas (EC) e Blank (B). No controle do substrato, substrato e tampão foram tomados enquanto a enzima e o tampão foram adicionados ao tubo de ensaio de controle enzimático. Blank continha apenas 2 ml de tampão. Todos os tubos de ensaio foram incubados a 40°C durante 15 minutos, seguidos da adição de 1 ml de DNSA recém-preparado.

O reagente DNSA foi preparado misturando dois componentes: 60 % de sal de Rochelle (tartarato de sódio e potássio) dissolvido em água destilada. 5 % de ácido 3, 5-dinitrosalicílico dissolvido em água destilada contendo 2 Mol/L hidróxido de sódio. Estes tubos de ensaio foram depois submetidos a uma ebulição a 100°C durante 5 minutos. Os volumes dos tubos de controle de substrato e controle de enzimas foram iguais à solução no teste, adicionando 0,5 ml de substrato no controle de enzimas e 0,3 ml de enzima no controle de substratos. Os tubos de ensaio foram arrefecidos e as suas leituras de densidade óptica (D.O.) foram anotadas a 540 nm. A quantidade de açúcar redutor formado foi determinada com a ajuda de uma curva padrão (25 iig/ml a 250 iig/ml).

Para a melhoria da degradabilidade do polietileno dos microorganismos, desde que certos materiais portadores sejam as fontes de carbono e nitrogênio. Outras fontes para a produção em massa dos microrganismos são o esterco do quintal da fazenda, lignite e bagaço de cana de açúcar. As propriedades desses materiais portadores foram analisadas e medidas. As misturas combinadas foram preparadas e os detalhes foram mostrados na tabela a seguir.

3.6.1 PREPARAÇÃO DA MISTURA COMBINADA

S.	Mistura NoCombine
1	Farmyardmanure+ Polietileno+bactérias
2	Farmyardmanure+ Polietileno+fungi
3	Farmyardmanure+ Polietileno+actinomycetes
4	Farmyardmanure+ Polietileno+bacterias + fungos
5	Farmyardmanure+ Polietileno+bacterias + Actinomycetes
6	Farmyardmanure+ Polietileno+actinomycetes +fungi
7	Farmyardmanure+ Polietileno+Bactérias + fungos + actinomycetes
8	Lignite(carvão)+polietileno+Bactérias
9	Lignite(carvão)+polietileno+fungi
10	Lignite(carvão)+polietileno+actinomicetos
11	Lignite(carvão)+polietileno+Bactérias + fungos
12	Lignite(carvão)+polietileno+Bactérias + actinomicetos
13	Lignite(carvão)+polietileno+fungi + actinomicetos
14	Lignite(carvão)+polietileno+Bactérias = fungos + actinomycetes
15	Bagaço+ polietileno+ bactérias
16	Bagaço+ polietileno+ fungos

17   Bagaço+   polietileno+   actinomicetos

18   Bagaço+   polietileno+ bactérias + fungos

19   Bagaço+   polietileno+ bactérias + actinomicetos

20   Bagaço+   polietileno+ fungos + actinomicetos

21   Bagaço +   polietileno + bactérias + fungos + actinomicetos

As misturas de tratamento combinado foram realizadas em potes de 30 - 40 cm de profundidade, que se mantiveram à temperatura óptima na área exterior durante três meses. Durante o período de degradação, a cada mês os filmes de polietileno foram recuperados e foi observada uma perda de peso. Após a incubação, todas as películas de PEBD foram recuperadas e enxaguadas com água destilada e prosseguiu para o microscópio Scanning Electron Microscope (SEM) para observar a associação de microorganismos com o PEBD, outras películas de PEBD também foram recuperadas, enxaguadas em água destilada, secas ao ar e tratadas com 77 % de etanol para desidratar e remover a população microbiana de aderências. Os filmes de PEBD foram precedidos para FT-IR pela estrutura e perda da sua composição original. Os XRD foram realizados para analisar a cristalinidade do PEBD tratado para o qual se dá o resultado máximo.

3.7 ANÁLISE FISIOLÓGICA

3.7.1 SEM-EDAX:

A morfologia da superfície do filme de PEBD foi analisada através do Scanning Electron Microscopy para observar as mudanças de textura e aderência microbiana na superfície do filme. Um pedaço de filme foi colocado no suporte da amostra e foi digitalizado com uma ampliação de 1000X, 2000X e 5000X para a observação da formação do biofilme, clivagem (poroso) na superfície e aderência.

3.7.2 XRD

X - As medidas de difração de pó de feixe de LDPE não tratado e mistura combinada de LDPE tratado foram registradas usando o difratômetro X - Ray Difractometer (XPERT-PRO) Disponível na Universidade Annamalai, Chidambaram, Tamil Nadu. O difratômetro foi utilizado para a realização do estudo de cristalinidade. A radiação Cua foi utilizada no comprimento de onda de 20-120 A°. A medição foi realizada a uma tensão de 40 kilo volts e 30 mA. O ângulo escaneado foi ajustado a partir de 20 a uma velocidade de varredura de 2 min.

3.7.3 MEDIDAS ESPECTRAIS FTIR

A análise por espectroscopia da Transformada de Fourier Infravermelho (FTIR) foi utilizada para detectar a formação de novos grupos funcionais ou alterações na quantidade de grupos funcionais existentes (Milstein *et al.*, 1994). O espectrômetro de massa consiste em filamento de tungstênio como fonte de elétrons que funciona com 70eV, um analisador de duplo foco e um tubo foto multiplicador como detector com resolução máxima de 5000. Usando PerFluoro Querosene (PFK) como padrão, o espectrômetro de massa foi calibrado (Wen Chai, *et al.*, 2008). As medições de FT-IR foram realizadas com um espectrômetro BIO-RAD (modelo FTS 40A) na faixa de 4000 cm-1 a 400 cm-1.

3.7.4 ANÁLISE DE DADOS

A análise de regressão linear foi realizada utilizando o Microsoft® Excel 2010. A razão das populações de contagens microbianas foi calculada e o erro de cálculo também foi resolvido utilizando o SPSS. As relações de intensidade de pico (PIRs) foram então traçadas e a determinação foi estabelecida. A precisão dos modelos de regressão foi validada por amostras de teste. Os erros relativos de previsão foram calculados para avaliar a previsibilidade do modelo.

$$\text{CAPÍTULO - IV}$$

RESULTADOS EXPERIMENTAIS

4.1 ISOLAMENTO DE MICRORGANISMOS DEGRADANTES DO POLIETILENO

As amostras de polietileno foram recolhidas em vários aterros municipais de resíduos plásticos do distrito de Cuddalore. As contagens microbianas foram numeradas em cada amostra e replicações, o número máximo de bactérias foi observado do local de Chidambaram 13,4 X 10^6 UFC/g-1, seguido por amostra do local de Cuddalore OT 12,7 X 10^6 UFC/g-1 e amostra do local de Kullanchavadi 11,6 X 10^6 UFC/g-1, a menor contagem foi observada do local de Vadalur 3,0 X 106 UFC/g-1. O número máximo de fungos foi observado no sítio OT de Cuddalore 2,7 X 10^{3} UFC/g-1 seguido de amostra do sítio de Chidambaram 2,4 X 10^3 UFC/g-1 e amostra do sítio de Kullanchavadi

2.3 X 10^3 CFU/g-1, a menor contagem foi observada na amostra do site Neyveli

1.1 X 10^3 CFU/g-1. Os números máximos de actinomicetos foram observados na amostra do local Cuddalore OT 5,9 X 10^{5} UFC/g-1, seguido por amostra do local Manjakuppam 2,4 X 10^{5} UFC/g-1 e amostra do local Kullanchavadi 4,1 X 10^{5} UFC/g-1, as menores contagens foram observadas nas amostras do local Mutlur e Vadalur *viz.* 0,8 X 10^{5} UFC/g-1 em ambos. As enumerações bacterianas foram mostradas na Tabela 1, as enumerações de fungos foram mostradas na Tabela 2 e as enumerações de actinomicetos foram mostradas na Tabela 3.

Foram isoladas 20 cepas bacterianas diferentes do meio NA, nove cepas fúngicas foram isoladas do meio RBA e seis cepas de actinomicetos foram isoladas do meio AIA. Todos os microrganismos isolados foram nomeados com base em suas caracterizações morfológicas, como bactérias PBI, PBII, PBIII até PBXX (Bactérias

PB-Polietileno), Fungos foram nomeados como PFI, PFII até PFIX (PF-Fungos de Polietileno) e os actinomicetos foram nomeados como PAI, PAII até PAVI (Polietileno Actinomycetes). Os microorganismos isolados dos locais de depósito de resíduos plásticos foram mostrados na Tabela-4.

Tabela 1. Enumerações de bactérias biodegradáveis de polietileno de aterros sanitários municipais de resíduos plásticos

Sl.No.	Locais de recolha de amostras	10-6 diluição			Média	X106 UFC/g
		R1	R2	R3		
1.	Cuddalore OT	129	117	136	127	12.7
2.	Manjakuppam	99	84	112	98	9.8
3.	Neyveli	76	72	83	77	7.7
4.	Kullanjavadi	132	125	90	116	11.6
5.	Bhuvanagiri	78	81	72	77	7.7
6.	Mutlur	46	53	60	53	5.3
7.	Chidambaram	149	120	132	134	13.4
8.	Parangipettai	84	89	77	83	8.3
9.	Vadalur	35	15	40	30	3.0
10.	Virudachalam	106	82	90	93	9.3
	SED	11.70	10.52	9.60	10.21	1.02
	CD (P= 0.05)	0.087	0.173	0.254	0.168	0.168

Tabela 2. Enumerações de fungos degradantes de polietileno provenientes de aterros de resíduos plásticos.

Sl.No.	Locais de recolha de amostras	10-3 diluição			Média	X103 UFC/g
		R1	R2	R3		
1.	Cuddalore OT	29	24	28	27	2.7
2.	Manjakuppam	22	21	19	21	2.1
3.	Neyveli	10	13	11	11	1.1
4.	Kullanchavadi	23	25	21	23	2.3
5.	Bhuvanagiri	14	20	17	17	1.7
6.	Mutlur	7	13	15	12	1.2
7.	Chidambaram	28	23	20	24	2.4
8.	Parangipettai	11	14	18	14	1.4
9.	Vadalur	12	17	14	14	1.4
10.	Virudachalam	20	13	16	16	1.6
SED		2.47	1.54	1.46	1.74	0.17
CD (P= 0.05)		0.104	0.258	0.200	0.202	0.202

Tabela 3. Enumerações de Actinomicetos degradantes de polietileno de aterros sanitários de plástico.

Sl.No.	Locais de recolha de amostras	10-5 diluição			Média	X105 UFC/g
		R1	R2	R3		
1.	Cuddalore OT	69	56	55	59	5.9
2.	Manjakuppam	54	59	47	53	5.3
3.	Neyveli	32	31	25	29	2.9
4.	Kullanchavadi	48	35	40	41	4.1
5.	Bhuvanagiri	21	18	24	21	2.1
6.	Mutlur	5	11	8	8	0.8
7.	Chidambaram	42	39	34	38	3.8
8.	Parangipettai	12	8	7	9	0.9
9.	Vadalur	7	6	10	8	0.8
10.	Virudachalam	30	38	34	34	3.4
	SEᴅ	6.73	6.01	5.26	5.83	0.58
	CD (P= 0.05)	0.491	0.385	0.397	0.433	0.433

4.2 DETERMINAÇÃO DO VALOR DE DENSIDADE ÓTIMA DE ISOLADOS DEGRADANTES DE LDPE

4.2.1 Valores ótimos de densidade dos isolados bacterianos

As curvas de crescimento dos isolados bacterianos foram observadas usando espectrofotômetro a 600 nm no intervalo regular de 30 dias (ou seja, 30, 60 e 90 dias) de incubação. A taxa máxima de absorção de 0,51 foi registrada na cepa PBIX, seguida por 0,37 e 0,35 nas cepas PBVIII e PBXV foram registradas no 90° dia de incubação. Este resultado indica que a fase estacionária destes isolados foi observada até 90 dias de incubação. Os isolados de PBVII, PBXI,

PBXIV e PBXX apresentaram taxa de absorção máxima ao 30º dia de incubação com os valores de DO de 0,15, 0,10, 0,20 e 0,14 respectivamente, o que indica que estes isolados apresentaram a fase de morte após o 30º dia de incubação. Outros isolados mostraram a fase estacionária até os 60 dias de incubação e após esta fase passam pela fase de óbito devido à sua incapacidade de utilizar o PEBD e estes resultados foram mostrados na Tabela 5.

Tabela 4. Isolamentos de bactérias, fungos e actinomicetos do depósito de lixo de polietileno

Sl. Não	Locais de recolha de amostras	Bactérias	Fungos	Actinomycetes
1.	Cuddalore OT	PBI, PBIII, PBIV, PBV, PBIX, PBXI, PBXVII, PBXIX	PFI, PFIV, PFVI, PFVII, PFVIII	PAI, PAII, PAIII, PAIV, PAVI, PAVI,
2.	Manjakuppam	PBII, PBII, PIV, PBV, PBXIII, PBXIV, PBXV, PBXIX, PBXX,	PFII, PFIII, PFIV, PFV, PFVII	PAI, PAIII, PAVIMENTO,
3.	Neyveli	PBVI, PBVII, PBVIII, PBXI, PBXIX	PFI, PFIV, PFV, PFVI	PAI, PAIV, PAV
4.	Kullanchavadi	PBII, PBIII, PBV, PBVI, PBIX, PBIX, PBX, PBXII, PBXVII	PFI, PFII, PFV, PFVI, PFVII	PAIII, PAVI, PAVI,
5.	Bhuvanagiri	BI, PBIII, PBVII, PBXI, PBXIV, PBXV, PBXVI, PBXVII, PBXVII, PBXX	PFII, PFIII, PFVII	PAI, PAII, PAIV, PAIII
6.	Mutlur	PBIII, PBIV, PBXI, PBVII, PBXIV, PBXVIII, PBXX	PFI, PFIV, PFV, PFVI	PAIII, PAVI
7.	Chidambaram	PBI, PBIII, PBIV, PBIX, PBX, PBXII, PBVI, PBXIX, PBXX	PFI, PFII, PFV, PFVI	PAI, PAII, PAIV, PAVIMENTAÇÃO
8.	Parangipettai	PBIII, PBV, PBIX, PBX, PBXII, PBXVII, PBXIX	PFVI, PFVII, PFVIII	PAI, PAII, PAVI
9.	Vadalur	PBIV, PBVI, PBVII, PBXIII, PBXIX, PBXX	PFIII, PFVI	PAII, PAIII,

10.	Virudachalam	PB II, PBIII, PBIV, PBIX, PBXIII, PBIV, PBXIII	PFI, PFII, PFV, PFVII	PAI, PAII, PAIII, PAVIMENTO

Tabela 5. Observação do OD de isolados bacterianos biodegradáveis a 600 nm

S. Não	Isolamentos bacterianos	(valor de DO) absorção			
		em branco	30° dia	60° dia	90° dia
1	PBI	0.39	0.08	0.09	0.10
2	PBII	0.39	0.06	0.11	0.09
3	PBIII	0.39	0.04	0.06	0.05
4	PBIV	0.39	0.11	0.13	0.19
5	PBV	0.39	0.10	0.14	0.11
6	PBVI	0.39	0.15	0.19	0.24
7	PBVII	0.39	0.15	0.08	0.08
8	PBVIII	0.39	0.21	0.35	0.37
9	PBIX	0.39	0.34	0.48	0.51
10	PBX	0.39	0.08	0.12	0.09
11	PBXI	0.39	0.10	0.07	0.04
12	PBXII	0.39	0.14	0.14	0.10
13	PBXIII	0.39	0.13	0.12	0.11
14	PBXIV	0.39	0.20	0.13	0.12
15	PBXV	0.39	0.23	0.35	0.35
16	PBXVI	0.39	0.10	0.12	0.13
17	PBXVII	0.39	0.12	0.14	0.11
18	PBXVIII	0.39	0.07	0.04	0.04
19	PBXIX	0.39	0.08	0.07	0.07
20	PBXX	0.39	0.14	0.09	0.08
SED		-	0.01	0.02	0.02
CD (P= 0.05)		-	0.018	0.003	0.011

Em fungos a taxa de absorção máxima foi registrada em PFV de 0,23, seguida

de PFVII e PFI com a absorção de 0,17 e 0,16 respectivamente no 90° dia de incubação, estes resultados mostram que a fase estacionária foi continuada até o 90º dia. Outros isolados fúngicos apresentaram taxas moderadas de absorção até o 60º dia de incubação e as observações foram apresentadas em detalhes na Tabela 6.

Em actinomicetos a taxa de absorção máxima foi registrada no 60º dia de incubação em PAI de 0,52, seguida de PAIV e PAII com o valor OD de 0,28 e 0,20 respectivamente. O menor valor observado em PAVI com a DO de 0,04 no 90º dia de incubação, os detalhes da observação foram apresentados na Tabela 7.

4.3 RASTREIO DE MICRORGANISMOS ISOLADOS DEGRADANTES DE LDPE

Os filmes de PEBD foram recuperados e a perda de peso foi observada. Das 20 cepas bacterianas isoladas, foi encontrado um número máximo de isolados para degradar o PEBD, mas quatro dos isolados como PBIV-37,56%, PBVI- 31,33%, PBIX- 32,70% e PBXV- 26,83% foram encontrados predominantemente para degradar as películas de PEBD fornecidas em meios livres de carbono mínimo, seguido por PBI-18   ,90%, PBXVII- 13,83%, PBV- 12,63%, PBXVIII-12,39%, PBXII- 9,55 %, PBXIII- 9,06 %, PBVIII- 8,84 %, PBII- 8,58 %, PBXIX- 8,35 %, PBXX- 7,02 %, PBXIV- 7,01 %, PBXI- 6,82 %, PBX- 5,50 %, que mostraram degradação moderada e a degradação mínima foi observada em PBIII- 1,76 %, e PBVII- 1,08 % os detalhes de perda de peso em PEBD por bactérias foram dados na Tabela 8.

Tabela 6. Observação do OD de isolados fúngicos degradantes do PEBD a 600 nm

S. Não	Fungos isolados	(valor de DO) absorção			
		em branco	30º dia	60º dia	90º dia
1	PFI	0.39	0.12	0.15	0.16
2	PFII	0.39	0.13	0.12	0.11

3	PFIII	0.39	0.09	0.08	0.08
4	PFIV	0.39	0.16	0.16	0.14
5	PFV	0.39	0.18	0.19	0.23
6	PFVI	0.39	0.11	0.12	0.13
7	PFVII	0.39	0.19	0.20	0.21
8	PFVIII	0.39	0.08	0.10	0.09
9	PFIX	0.39	0.08	0.09	0.10
SE$_D$		-	0.01	0.01	0.01
CD (P= 0.05)		-	0.030	0.011	0.001

Tabela 7. Observação do OD de Actinomycetes degradantes de PEBD isolados a 600 nm

S. Não	Actinomycetes isolados	(valor de DO) absorção			
		em branco	30º dia	60º dia	90º dia
1	PAI	0.39	0.50	0.52	0.49
2	PAII	0.39	0.19	0.20	0.16
3	PAIII	0.39	0.18	.018	0.11
4	PAIV	0.39	0.22	0.28	0.27
5	PAV	0.39	0.12	0.17	0.15
6	PAVI	0.39	0.09	0.07	0.04
SE$_D$		-	0.05	0.07	0.06
CD (P= 0.05)		-	0.653	0.387	0.506

Tabela 8. Triagem de isolados bacterianos para biodegradação de filmes de polietileno com base na perda de peso

S. Não	Isolamentos bacterianos	Peso de polietileno (mg)				Perda de peso (mg)	Porcentagem (%)
		Peso inicial	30° dia	60° dia	90° dia		
1	PBI	21.10	19.72	18.18	17.11	3.99	18.90
2	PBII	20.15	19.75	19.19	18.42	1.73	8.58
3	PBIII	20.43	20.28	20.14	20.07	0.36	1.76
4	PBIV	20.71	18.57	15.76	12.93	7.78	37.56
5	PBV	20.19	19.04	18.11	17.64	2.55	12.63
6	PBVI	19.98	18.19	16.60	13.72	6.26	31.33
7	PBVII	20.37	20.30	20.22	20.15	0.22	1.08
8	PBVIII	19.89	19.00	18. 47	18.13	1.76	8.84
9	PBIX	20.76	18.83	16.93	13.97	6.79	32.70
10	PBX	21.09	20.88	20.24	19.93	1.16	5.50
11	PBXI	20.52	19.94	19.38	19.12	1.4	6.82
12	PDXII	20.72	20.00	19.38	18.74	1.98	9.55
13	PBXIII	20.19	19.99	19. 07	18.27	1.92	9.06
14	PBXIV	20.23	19.79	19.14	18.81	1.42	7.01
15	PBXV	20.53	18.32	17.87	15.02	5.51	26.83
16	PBXVI	20.27	18.03	17.27	15.14	5.13	25.30
17	PBXVII	20.30	19.40	18.02	17.49	2.81	13.84
18	PBXVIII	20.90	19.56	18.98	18.31	2.59	12.39
19	PBXIX	19.86	19.33	18.81	18.20	1.66	8.35
20	PBXX	20.20	19.72	19.34	18.78	1.42	7.02
	SED	0.08	0.17	0.27	0.48	0.49	2.40
	CD (P= 0.05)	0.031	0.005	0.000	0.010	0.016	0.016

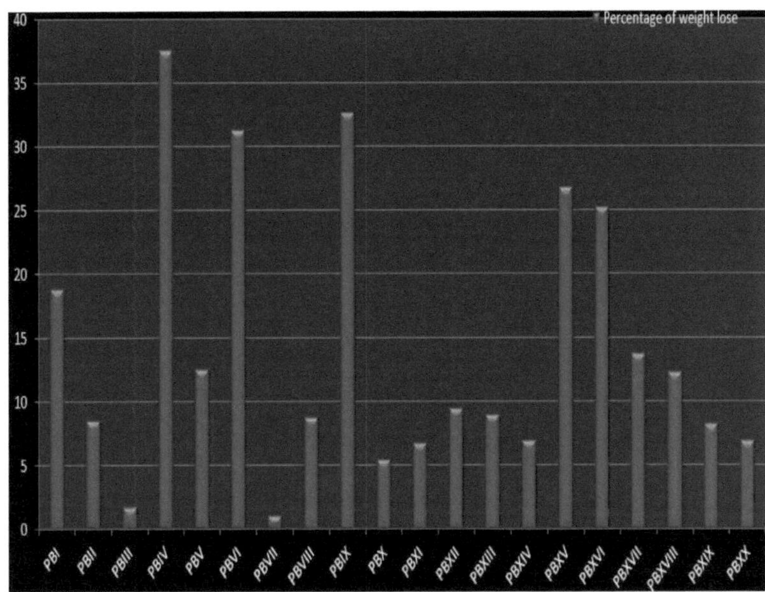

Dos nove fungos isolados, a perda de peso máxima foi observada em três isolados de PFV- 34,18 %, PFVII- 31,98 % e PFI- 30,25 %, seguidos de PFII-23,75 %, PFIII-20,47 %, PBIV- 20,23, PBVI- 19,56,PFIX- 11,80, que foram degradados moderadamente e a perda de peso mínima foi observada em PFVIII-6,08 %, os resultados foram apresentados na Tabela 9.

De 6 actinomicetos isolados, a perda de peso máxima foi observada em dois isolados de PAI- 42,31 % e PAIII- 34,08 % seguidos de PAVI- 17,73 %, PAIV-16,96 % e PAII- 10,81 % que foram degradados moderadamente e a perda de peso mínima foi observada em PAV- 2,56 % os resultados dos actinomicetos degradantes do PEBD foram mostrados na Tabela 10.

Dos isolados globais, a perda de peso máxima foi observada em actinomicetos de PAI - 42,31 %, seguido pela bactéria PBIV- 37,56 % , PBV-

34,18 %, e PAIII- 3,08 %, PBIX- 32,70 %, PFVII- 32.98 %, PBVI- 31,33 %, PFI-30,25 %, PBXV- 26,83 %, e PBXVI- 25,30 % foram selecionados para os estudos de biodegradação potencial do PEBD e suas taxas de crescimento foram analisadas para a formação do biofilme sobre o PEBD. As observações máximas de turbidez dos isolados selecionados foram mostradas na Tabela 11.

Tabela 9. Triagem de Fungos degradantes de PEBD isolados

S. Não	Fungos isolados	Perda de peso (mg)				Média	Porcentagem (%)
		Peso inicial	30° dia	60° dia	90° dia		
1	PFI	20.39	18.20	15.92	14.22	6.17	30.25
2	PFII	20.12	19.05	17.81	15.34	4.78	23.75
3	PFIII	19.93	18.45	17.05	15.85	4.8	20.47
4	PFIV	20.21	19.03	17.98	16.12	4.09	20.23
5	PFV	21.82	17.93	15.03	13.36	7.46	34.18
6	PFVI	19.98	18.65	17.15	16.07	3.91	19.56
7	PFVII	20.29	17.84	15.31	13.80	6.49	31.98
8	PFVIII	21.86	21.39	20.96	20.53	1.33	6.08
9	PFIX	20.10	19.34	18.32	17.61	2.49	11.80
	SE$_D$	0.25	0.35	0.60	0.73	0.64	3.09
CD (P= 0.05)		0.074	0.179	0.137	0.270	0.264	0.264

Figura 2. Percentagem de redução de peso em filmes de PEBD isolados por fungos

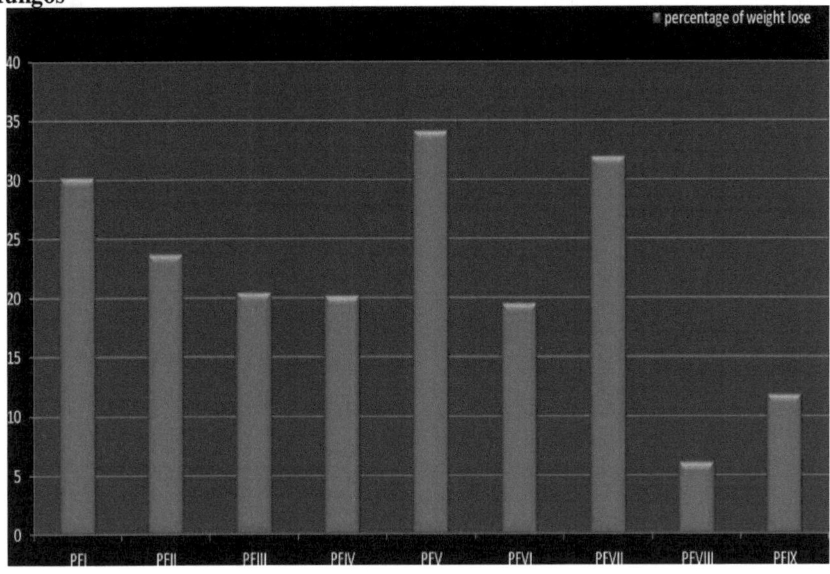

Tabela 10. Triagem dos isolados de actinomicetos degradantes do PEBD

S. Não	Actinomycetes isolados	Perda de peso (mg)				Média	Porcentagem (%)
		Dia 0	30º dia	60º dia	90º dia		
1	PAI	20.37	18.12	14.39	11.75	8.62	42.31
2	PAII	21.72	20.93	20.18	19.37	2.35	10.81
3	PAIII	19.89	18.26	16.92	13.11	6.78	34.08
4	PAIV	20.16	19.27	18.05	16.74	3.42	16.96
5	PAV	21.45	21.00	20.63	20.19	0.55	2.56
6	PAVI	20.60	19.48	18.17	17.03	3.57	17.33
SE$_D$		0.29	0.50	0.92	1.36	1.21	6.05
CD (P= 0.05)		0.002	0.118	0.252	0.268	0.376	0.361

Figura 3. Percentagem de redução de peso em PEBD por actinomicetos

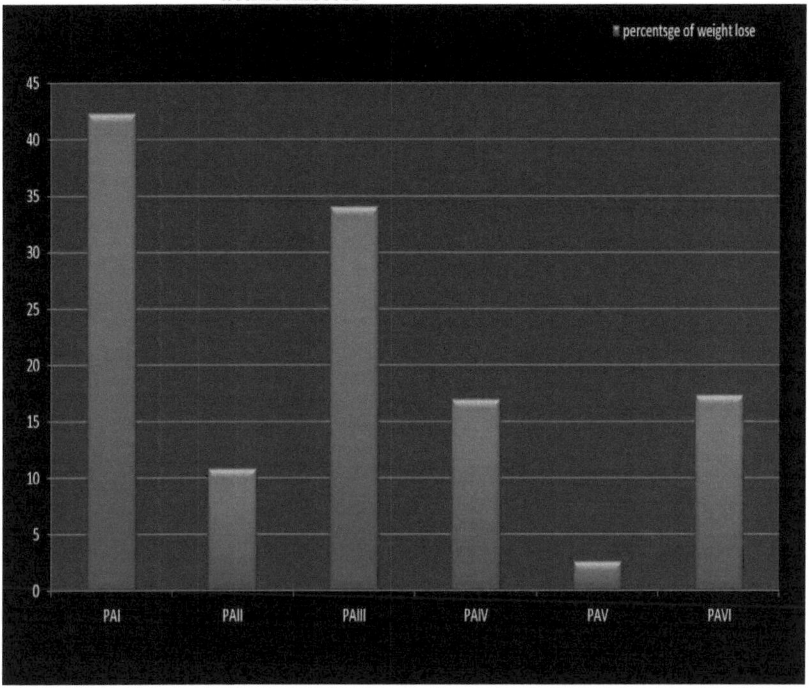

Tabela 11. Seleções de deformação para o estudo combinado

Sl.No	Isolamentos microbianos		OD	Perda de peso (%)
1	Bactérias	PBIV	0.19	37.56
2		PBVI	0.24	31.33
3		PBIX	0.51	32.70
4		PBXV	0.35	26.83
5		PBXVI	0.13	25.30
6	Fungos	PFI	0.16	30.25
7		PFV	0.23	34.18
8		PFVII	0.17	31.98
9	Acinomycetes	PAI	0.53	42.31
10		PAIII	0.27	34.08
SED			0.04	1.55
CD (P= 0.05)			0.008	0.066

4.4 IDENTIFICAÇÃO DE BACTÉRIAS BIODEGRADÁVEIS DE LDPE, FUNGOS E ACTINOMICETOS

4.4.1 Identificação de isolados bacterianos

Foram identificadas estirpes bacterianas selecionadas como PBIV, PBVI, PBVIII, PBIX e PBXV e foram caracterizadas por métodos de identificação macroscópica e microscópica.

O isolado bacteriano PBIV, foi capaz de crescer em temperatura de 30 - 44°C. As colônias eram lisas, translúcidas, maduras e produziam azul esverdeado nos meios de comunicação de NA. Sob microscópio, tinham forma de haste, com um grama negativo, bactérias móveis.

O isolado bacteriano PBVI era obrigatoriamente aeróbico na natureza a colônia era pequena, de cor cinza com bordas ásperas, bordas espalhadas e sem produção de pigmento, sob microscópio eram gram negativos, em forma de haste, bactérias móveis, o odor era como maçãs verdes.

As colônias de PBIX isoladas bacteriologicamente eram redondas ou irregulares, de cor creme ou marrom. As características das colônias variam muito com a composição do meio. A morfologia das colônias varia dentro das cepas, e aparece como uma cultura mista. Sob microscópio são bacilos Gram positivos, grandes, filamentosos, em forma de haste em cadeia, não móveis e sem produção de pigmentos.

O isolado bacteriano PBXVI mostrou uma cor cinzenta circular, convexa e lisa e alguns eram incolores, sob microscópio eram gram negativos, haste curta, simples, não móveis e não produzem pigmentos. As características culturais dos isolados bacterianos foram listadas na Tabela 12. As características microscópicas e bioquímicas dos isolados bacterianos foram listadas na Tabela 13.

4.4.1.1 Identificação genómica dos isolados bacterianos

A identificação genómica da amostra de ADN dos isolados bacterianos foi separada de acordo com o seu peso molecular sob o sistema de electroforese. A figura 4. mostrando a banda de DNA foi visualizada sob o sistema de Documentação em Gel.

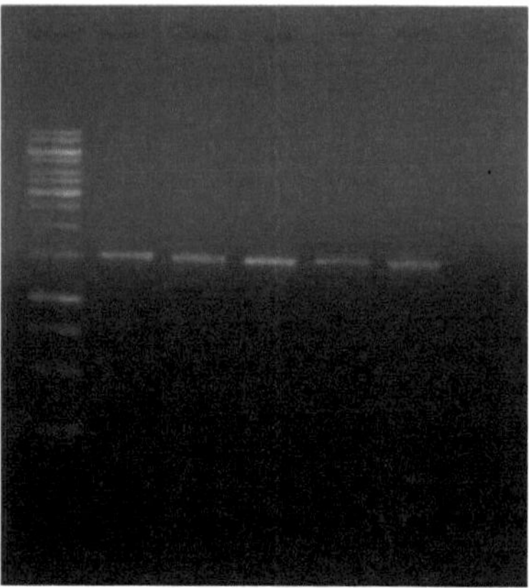

Figura 4. 16S rRNA PCR para amplificação PBXV, PBVI, PBIV, PBIX e PBXVI PCR

Tabela 12. Caracterizações culturais dos isolados bacterianos degradantes do PEBD

Sl. Não.	Isolamentos bacterianos	Características macroscópicas
1.	PBIV	Estritamente aeróbico, excepto em meios com nitrato, a temperatura óptima 30 - 37°C pode crescer até 44°C. Não crescem a 4°C. As colónias são lisas, grandes, translúcidas, pouco convexas, 2-4mm de diâmetro. Produzido com odor adocicado aromático, o pigmento azul esverdeado difunde-se.
2.	PBVI	Obrigatórias bactérias aeróbicas e móveis, as colónias são cinzentas, com bordas ásperas e bordas espessas e muitas vezes produzem odor de maçãs verdes.
3.	PBIX	As colónias são redondas, irregulares, de superfície baça, tornam-se grossas e opacas, podem ser enrugadas (rugosas) e podem tornar-se de cor creme ou castanha. As características das colónias variam muito com a composição do meio. A morfologia das colónias é variável, dentro das estirpes, e pode dar o aspecto de uma cultura mista.
4.	PBXV	Aeróbico ou anaeróbico facultativo. Cresce facilmente em meios simples, faixas de temperatura entre min. 15°C até o máximo. 40°C. NaCl não é necessário para o crescimento. Em meio líquido produzem baixa turbidez, como a aglutinação do algodão. As colónias em ágar são grandes, 67 mm de diâmetro, opacas, não pigmentadas; colónias do tipo R. Não hemolíticas; as colónias das estirpes capsuladas parecem mucóides.

**Tabela 13. Características bioquímicas da degradação do PEBD
isolados bacterianos**

Sl.No	Personagens	PBIV	PBIX	PBVI	PBXV
1.	Morfologia	Vara	Vara	Vara curta	Vara (grande)
2.	Convénio	Individual	Pares, corrente	único	Corrente ou filamento
3.	reação de Gram	-	+	-	+
4.	Pigmento	Ágar azul/verde	não	Não	Não
5.	Motilidade	móbil	Móvel	Móvel	Não móvel
6.	Indole				-
7.	MR				+
8.	VP		+	+	+
9.	Citrato	+	+	+	+
10.	Urease	+			-
11.	Amido		+	+	+
12.	Nitrato		+	+	+
13	Catalase	+	+	+	+
14	Oxidase	+		+	-
15	Glicose		+		+
16	H2S				-
17	Produção ácida	+	+	-	+

Através da identificação genómica da análise da sequência 16S rRNA, as estirpes isoladas degradantes de polietileno foram identificadas a nível da espécie. O isolado bacteriano PBIV foi identificado como *Pseudomonas aeruginosa* e as novas espécies de três bactérias foram identificadas, destas PBIX foi identificado como

Bacillus sp. PBXV- outra também identificada como *Bacillus* sp. e PBVI- foi identificada como *Alcaligenes* sp. os resultados da sequência de identificação genómica dos isolados bacterianos foram submetidos para registo no NCBI.

O sequenciamento do gene 16Sr RNA foi utilizado para relatar o organismo até o nível da espécie. A sequência de 16SrRNA de PBIV foi encontrada semelhante a *Pseudomonas aeruginosa,* PBIX foi encontrada como *Bacillus sp.,* PBVI- como *Alcaligenes sp. e* PBXV- como outro *Bacillus* sp. a sequência foi depositada no banco de genes seqüenciado em uma base. Os números de acesso para as bactérias isoladas foram recebidos do NCBI são KU359417, KU359418, KU359419, KU359420 e KU359421.

4.4.2Identificação de fungos

Os isolados fúngicos biodegradáveis do PEBD foram identificados e suas características culturais foram listadas na Tabela 14 e as características microscópicas foram listadas na Tabela 15. Os isolados fúngicos identificados são PFI- *Aspergillus flavus,* PFV- *Aspergillus niger* e PFVII- *Fusarium graminearum,* que foram identificados pelo exame microscópico e a morfologia da colônia das características culturais foram comparadas com as culturas fúngicas padrão (MTCC - 9167 - Aspergillus flavus, MTCC - 4325- Aspergillus niger e MTCC - 1893 - Fusarium graminearum) foram obtidas do MTCC, Chandigarh.

Tabela 14. Caracterização cultural dos isolados fúngicos degradantes do PEBD e Actinomycetes

Sl. Não.	Fungos isolados	Características macroscópicas
1.	PFI	As colónias são radicalmente cultivadas, de cor verde amarelada, textura aveludada, feltro de alta densidade de conidiosporos.
2.	PFV	Colónias imaturas são cobertas com micélios de areias brancas fofas, colónias maduras mostram efeito sal e pimenta, cobertas com esporos negros e são produzidas hifas. Globoso, castanho escuro, tornando-se irradiante e tendendo a dividir-se em várias colunas soltas com a idade.
3.	PFVII	As colónias crescem rapidamente (atingem 7cm em 10 dias) e a cor invertida do branco cremoso para o laranja.
4.	PAI	As colónias em ágar são de cor pêssego, pontiagudo, baço, lar de circo e baixa convexa com ligeira margem de espalhamento e aeróbica.
5.	PAIII	Crescer bem a 28°C, de crescimento lento, em pó, irregular a regular e plano a colônias elevadas processando um odor terroso característico dos actinomicetos. Massa de esporos areal de cor branca e micélio de cor amarela com pigmento nodistinctdiffusível. produção.

4.4.3 Identificação de Actinomycetes

Os isolados biodegradáveis de actinomicetos de PEBD foram identificados e sua morfologia de colônia foi listada na tabela 15 e suas características microscópicas foram listadas na tabela 16. Os isolados de actinomicetos identificados foram PAI - *Rhodococcus ruber* e PAIII - *Streptomycetes griseus,* que foram identificados pelo exame microscópico e as características culturais da morfologia foram comparadas com as culturas padrão de actinomicetos (MTCC - 1827- *Rhodococcus ruber* e MTCC - 9723- *Streptomyces griseus*) obtidas de MTCC, Chandigarh.

4.5 RASTREAMENTO DA PRODUÇÃO DE ENZIMAS MICROBIANAS BIODEGRADÁVEIS

As bactérias isoladas, fungos e actinomicetos dos depósitos de resíduos plásticos foram testados quanto à sua capacidade de produzir as enzimas amilase, despolimerase, peroxidase de manganês, peroxidase de lignina e laccase. Estas enzimas têm a capacidade de clivar as ligações de carbono dos filmes de polietileno a serem utilizados pelos microorganismos. A produção destas enzimas induz a biodegradação do PEBD. Os isolados microbianos produtores de enzimas foram identificados e listados na Tabela 17.

Tabela 15. Identificação da semelhança dos fungos degradantes do PEBD com a cultura do MTCC

Isolar não.	Identificação microscópica sob Lactophenol algodão azul (LPCB) Coloração
PFI	As listras dos conidióforos são muralhas ásperas, vesículas esféricas hialinas, cabeças conidiais irradiam, unem-se e biseritáceos. As conidias equinuladas, esféricas ou escleróticas sub-esféricas podem estar presentes. As hifas foram septatadas.
PFV	Conidiophorestipessmooth-walled, hyalineor pigmentado. Vesículas subesféricas, cabeças conidiais irradiam. Células conidiógenas biseritáceas. Medula com o dobro do comprimento dos frascos. Conidia castanha, ornamentada com verrugas e cristas. As hifas eram septadas.
PFVII	Os conidiosóforos são curtos, simples, laterais, monophialides no micélio aéreo, mais tarde dispostos em aglomerados densamente ramificados. Macroconídios com septos múltiplos são fusiformes, ligeiramente curvados, apontados para a ponta, pedicelo de células basais.
MTCC- 9167	Conidióforos listras rugosas muradas, vesículas hialinas esféricas, cabeças conidiais irradiam, unem e visitem. Conidias equinuladas, esféricas ou escleróticas sub-esféricas podem estar presentes. As hifas foram septatadas.
MTCC - 4325	Conidiophorestipessmooth-walled, hyalineor pigmentado. Vesículas subesféricas, cabeças conoidiais irradiam. Células conidiógenas biseritáceas. Medula com o dobro do comprimento dos frascos. Conidia castanha, ornamentada com verrugas e cristas. As hifas eram septadas.

| MTCC- 1893 | Os conidiosóforos são curtos, simples, laterais, monophialides no micélio aéreo, mais tarde dispostos em aglomerados densamente ramificados. Macroconídios com septos múltiplos são fusiformes, ligeiramente curvados, apontados para a ponta, pedicelo de células basais. |

Tabela 16. Identificação de Actinomyctes Degradáveis de PEBD semelhança com a cultura MTCC

Isolados	Exame microscópico sob coloração de Gram
PAI	Coco Gram-positivo não esportivo, não móvel, hipa-roda-roda
PAIII	Gram positivo, frutificação, cadeia como estrutura filamentosa, o diâmetro do micélio variava geralmente de 0,3 a 2 microns, raramente mais, As paredes híferas são lisas.
MTCC - 1827	Não desportivo, não móvel, Gram-positivo, hypharod-coccus.
MTCC - 9723	Gram positivo, frutificação, cadeia como estrutura filamentosa, o diâmetro do micélio variava geralmente de 0,3 a 2 microns, raramente mais, As paredes híferas são lisas.

Tabela 17. Triagem de isolados para a produção de enzimas despolimerizantes

Isolates	Name of the microorganisms	Amylase	Depolymerase	laccase	Lignin peroxidise	Manganese peroxidase
PBIV	*Pseudomonas aeruginosa*	+	+	+	+	+
PBVI	*Alcaligenes sp*	+	+	-	-	-
PBIX	*Bacillus sp*	+	+	+	+	+
PBXV	*Bacillus anthracsis*	+	+	+	+	-
PBXVI	*Shigella sonnei*	-	-	-	-	-
PFI	*Aspergillus flavus*	+	-	+	+	-
PFV	*Aspergillus niger*		-	+	+	+
PFVII	*Fusarium graminearum*	+	+	+	+	+
PAI	*Rhodococcus ruber*	-	-	+	+	+
PAIII	*Streptomyces griseus*	+	-	+	+	+

A bactéria isola *Pseudomonas aeruginosa, Bacillus* sp e o fungo *Fusarium graminearum* produzem este tipo de enzimas. O intervalo máximo de produção de amilase foi observado em (B1) *Bacillus* sp (48 %), seguido por outros, os actinomicetos *Rhodococcus ruber* não produziram a enzima amilase. A enzima despolimerase foi produzida no máximo em *Fusarium graminearum* (49 %), seguida por *Alcaligenes* sp. (47 %). Outros isolados como *Aspergillus flavus, Aspergillus niger, Rhodococcucs ruber,* e *Streptomyces griseus* não mostraram produção da enzima despolimerase.

O intervalo máximo de Laccase foi observado em *Rhodococcucs ruber* (62%) e seguido por *Pseudomonas aeruginosa* (46%) e outros a *Alcaligenes* sp. não produziu a laccase. A gama máxima de peróxidos de lignina foi produzida em *Aspergillus niger* (53%) seguido por *Aspergillus flavus* e outros o *Alcaligenes* sp. não produziu aquela enzima. A gama máxima de peroxidase de manganês foi produzida em *Rhodococcus ruber* (51%) seguido por *Aspergillus niger* (47%) e as outras bactérias isolam *Alcaligenes* sp., *Bacillus anthracsis* e *Aspergillus flavus* fungal não produziram a enzima. As produções quantitativas das enzimas despolimerizantes foram detalhadas na Tabela 18.

4.6 DETERMINAÇÃO DAS PROPRIEDADES FÍSICO-QUÍMICAS E MICROBIOLÓGICAS DOS MATERIAIS DE TRANSPORTE ANTES DO TRATAMENTO

Foram analisados os teores físico-químicos dos materiais portadores de pH, carbono, nitrogênio, fósforo, potássio, magnésio, zinco, ferro, manganês, cobre, lignina, cinzas e foram enumeradas as propriedades microbiológicas dos fungos bacterianos e actinomicetos antes do tratamento e preparação da mistura combinada.

Tabela 18. Efeito dos isolados microbianos na despolimerização enzimática do PEBD

Isolates	Name of the microorganisms	Amylase (%)	Depolymerase (%)	Laccase (%)	Lignin peroxidase (%)	Manganese peroxidase (%)
PBIV	*Pseudomonas aeruginosa*	31	22	46	27	39
PBVI	*Alcaligenes sp*	36	47	NP	NP	NP
PBIX	*Bacillus sp*	48	39	32	13	18
PBXV	*Bacillus anthracsis*	26	42	13	21	NP
PFI	*Aspergillus flavus*	20	NP	39	44	NP
PFV	*Aspergillus niger*	27	NP	43	53	47
PFVII	*Fusarium graminearum*	19	49	35	32	40
PAI	*Rhodococcus ruber*	NP	NP	62	41	51
PAIII	*Streptomyces griseus*	33	NP	38	39	48
SE$_D$		3.31	4.78	4.88	4.62	4.89
CD		0.290	0.263	0.226	0.438	0.326

Figura 5. Percentagem da produção de enzimas despolimerizantes por vários isolados

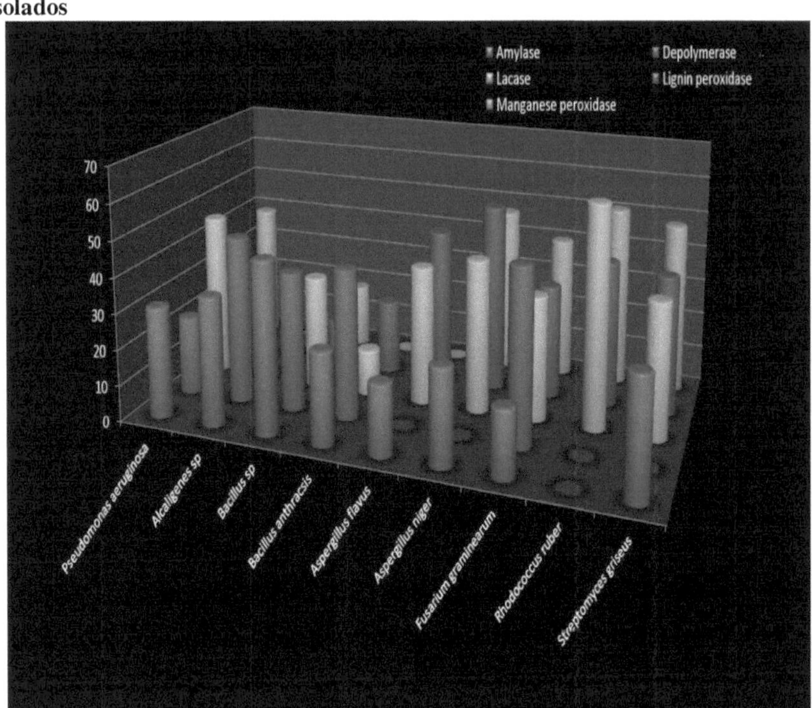

A faixa de pH do esterco do quintal da fazenda era ligeiramente em natureza alcalina (8,25), devido ao rico conteúdo de amônia. lignite e Bagaço estavam em natureza ácida 5,5 e 5,2. A humidade do material de transporte FYM, Lignite e Bagaço foram registados 37,4 %, 16,67 % e 49,5 %. O maior teor de nutrientes do material de transporte de carbono, nitrogênio na FYM foi 21,5% e 0,5%, em lignina foi 61,5% e 1,6% em Bagaço 40% e 2,5% foram registrados. O hidrogénio, fósforo e potássio foram registados no FYM 1,98 %, 0,20 % e 1,24 %, na lignite 3,2 %, 1,5 % e 0,63 % e no Bagaço

6.5 %, 0,79 % e 1,65 %. Os teores de micronutrientes nos materiais portadores de sódio, zinco, cobre, manganês e ferro na FYM foram 0,7 (mg kg-1), 0,005 (mg kg-1), 0,00025 (mg kg-1), 1,42 (mg kg-1) e 0.39 (mg kg-1), em Lignite foram 0,46 (mg kg-1), 0,17 (mg kg-1), 0,012 (mg kg-1), 0,15 (mg kg-1) e ferro 1,57 % em Bagaço 0,38 (mg kg-1), 0,09 (mg kg-1), 0,0007 (mg kg-1),

2.8 (mg kg-1) e 0,26 % foram registados. Foram registados, respectivamente, 14,03 % e 13,47 % de Lignina e material portador de cinzas da FYM, 17,5 % e 22,2 % em Lignite e 20,4 %, 3 % em Bagaço. As propriedades microbiológicas dos materiais de transporte foram registadas na Tabela 19.

4.7 ALTERAÇÕES NA TEMPERATURA DURANTE A DEGRADAÇÃO DOS MATERIAIS DE TRANSPORTE

As mudanças na temperatura da mistura combinada foram medidas e os detalhes apresentados na Tabela 20. A temperatura da mistura combinada de PEBD

Tabela 19. Propriedades físico-químicas e microbiológicas dos materiais transportadores

S. Não	Parâmetros (%)	Conteúdo		
		FYM	Lignite	Bagaço
1	pH	8.25	5.5	5.2
2	Umidade (%)	37.4	16.67	49.5
3	Carbono (%)	21.5	61.5	40
4	Nitrogênio (%)	0.5	1.56	2.5
5	Hidrogênio (%)	1.98	3.2	6.5
6	Fósforo (%)	0.20	1.5	0.79
7	Potássio (%)	1.24	0.63	1.65
8	Sódio (mg kg-1)	0.07	0.46	0.38
9	Zinco (mg kg-1)	0.005	0.17	0.09
10	Enxofre (mg kg-1)	0.01	0.19	0.05
11	Cobre (mg kg-1)	0.00025	0.012	0.00017
12	Manganês (mg kg-1)	1.427	15	2.8
13	Ferro de engomar (mg kg-1)	0.39	1.57	0.26
14	Lignina (%)	14.03	17.5	20.14
15	Cinzas (%)	13.47	22.2	3
16	Bactéria X106 Cfu/g	8.4	2.2	7.5
17	Fungos X103 Cfu/g	3.7	1.3	3.2
18	Actinomycetes X105 Cfu/g	6.4	2.4	6.23
	SED	2.32	3.5	3.33
	CD (P= 0.05)	0.064	0.053	0.142

Tabela 20. Alterações de temperatura durante a biodegradação

Sl. Não	Tratamentos	Temperatura (°C)			
		Inicial	30° dia	60° dia	90° dia
1	CM-1 Estrume de quintal da fazenda + PEBD + bactérias	28.0	40	34	30
2	CM-2 Estrume de quintal + LDPE + fUngi	28.0	34	30	29
3	CM-3 Estrume de quintal + LDPE + actinomicetos	28.0	51	37	33
4	CM-4 Estrume de quintal + PEBD + bactérias + fimgi	28.0	37	33	30
5	CM -5 Estrume de quintal + PEBD + bactérias + Actinomycetes	28.0	48	35	31
6	CM -6 Estrume de quintal + PEBD + actinomicetos + fimgi	28.0	44	37	32
7	CM -7 Estrume de quintal + LDPE + Bactérias + Fimgi + actinomicetos	28.0	42	34	31
8	CM -8 Lignite (carvão) + PEBD + Bactérias	28.0	45	33	30
9	CM -9 Lignite (carvão) + polietileno + fungos	28.0	37	30	29
10	CM -10 Lignite (carvão) + PEBD + actinomicetos	28.0	37	32	30
11	CM -11 Lignite (carvão) + PEBD + Bactérias + Fimgi	28.0	38	30	29
12	CM -12 Lignite (carvão) + PEBD + Bactérias + actinomicetos	28.0	39	34	30
13	CM -13 Lignite (carvão) + PEBD + fungos + actinomicetos	28.0	37	32	30
14	CM -14 Lignite (carvão) + PEBD + Bactérias + Fimgi + Actinomycetes	28.0	43	39	34

15	CM -15 Bagaço + PEBD + bactérias	28.0	43	35	33
16	CM -16 Bagaço + PEBD + fungos	28.0	36	33	32
17	CM -17 Bagaço + PEBD + actinomicetos	28.0	41	35	30
18	CM -18 Bagaço + PEBD + bactérias + fungos	28.0	39	33	31
19	CM -19 Bagaço + PEBD + bactérias + actinomicetos	28.0	46	38	31
20	CM -20 Bagaço + PEBD + fungos + actinomicetos	28.0	38	30	30
21	CM -21 Bagaço + PEBD + bactérias + fungos + actinomicetos	28.0	40	34	32
SED		-	0.94	0.56	0.30
CD (P= 0.05)		-	0.025	0.002	0.042

Os tratamentos foram medidos a cada intervalo de fim de mês por um período de três meses. A temperatura inicial da mistura combinada foi aumentada simultaneamente no primeiro mês a temperatura máxima foi observada no esterco da fazenda + PEBD + cepas de actinomycetes de *Rhodococcucs ruber, + Streptomyces griseus* 51°C. A temperatura mais baixa foi observada na mistura combinada de estrume de quintal + PEBD + Fungi *Aspergillus niger + Aspergillus flavus + Fusarium graminearum* 34°C foi observada. No segundo e terceiro meses, a temperatura foi diminuída.

4.8 MUDANÇAS NO pH DURANTE A DEGRADAÇÃO DA DEPOLIMERAÇÃO

As mudanças na faixa de pH da mistura combinada de todos os indivíduos foram medidas e os resultados foram apresentados na Tabela 21. A faixa de pH do esterco do pátio da fazenda foi de 8,3-8,5 as faixas foram diminuídas pela presença de microorganismos produtores de ácidos e enzimas extracelulares da mistura combinada. Em outros dois portadores baseados na mistura combinada, a faixa de pH aumentou simultaneamente. O terceiro mês termina a faixa de pH observada, os consórcios FYM + PEBD + Bactérias, FYM + PEBD + Bactérias + actinomicetos, Lignite + Bactérias, Bagaço + PEBD + Consórcios de Bactérias, e Bagaço + PEBD + Bactérias + Fungos + Consórcios de actinomicetos foram mantidos a faixa de pH em Neutro 7,0.

4.9 PERDA DE PESO DO LDPE RECUPERADO DE MISTURA COMBINADA

As perdas de peso do PEBD foram recuperadas e mediram para a degradabilidade dos consórcios microbianos os resultados da redução de peso foram apresentados na Tabela 22. A perda de peso do PEBD em mistura combinada de FYM à base de portadores a perda de peso máxima foi observada nos consórcios CM¬3 Farm Yard Manure + actinomycetes de Rhodococcus ruber e Streptomyces griseus foi registrada em 31,139 %, seguido por FYM + Bacteria + Actinomycetes consortia e FYM + bactérias + fungos + Actinomycetes foram 23,073 % e 19,240 %. O menor foi observado em FYM + bactérias LDPE tratadas 13,417 %. Na mistura combinada à base de Lignite, a perda de peso máxima foi observada em consórcios Lignite + bactérias tratadas com PEBD 21,265 %, seguida por consórcios Lignite + fungos + actinomicetos e consórcios Lignite + fungos tratados com PEBD 19,50 % e 17,974 % a menor foi observada Lignite + 6,33 % em Lignite + bactérias + actinomicetos tratados com PEBD. Na mistura combinada à base de Bagaço foi observada a perda de peso máxima em Bagaço + Consórcios bacterianos tratados com PEBD 27,09 %, seguido de Bagaço + Actinomicetos e Bagaço + bactérias + fungos + actinomicetos tratados com PEBD 17,47 e 14,936 %, o menor foi observado em 6,33 % em Bagaço + bactérias + fungos tratados com PEBD.

Tabela 21. Alterações de pH durante a biodegradação

Sl. Não	Combinar mistura	pH			
		Inicial	30º dia	60º dia	90º dia
1	CM-1 Estrume de quintal da fazenda + PEBD + bactérias	8.2	7.6	7.1	7.0
2	CM-2 Estrume de quintal + LDPE + fUngi	8.3	7.4	6.7	6.0
3	CM-3 Estrume de quintal + LDPE + actinomicetos	8.3	7.3	7.0	7.2
4	CM-4 Estrume de quintal + PEBD + bactérias + fimgi	8.2	7.6	7.1	6.5
5	CM-5 Estrume de quintal + LDPE + bactérias + Actinomycetes	8.3	7.6	7.1	7.0
6	CM-6 Estrume de quintal + PEBD + actinomycetes +firngi	8.3	7.3	7.0	6.8
7	CM-7 Estrume de quintal + LDPE + Bactérias + Fimgi + actinomicetos	8.3	8.5	7.0	7.3
8	CM-8 Lignite (carvão) + PEBD + Bactérias	5.5	6.4	7.1	7.2
9	CM-9 Lignite (carvão) + PEBD + fungos	5.5	6.4	6.6	6.3
10	CM-10 Lignite (carvão) + PEBD + actinomicetos	5.6	6.5	7.2	7.3
11	CM-11 Lignite (carvão) + PEBD + Bactérias + Fimgi	5.5	6.3	7.0	7.1

12	CM-12 Lignite (carvão) + PEBD + Bactérias + actinomicetos	5.6	6.4	7.2	7.2
13	CM-13 Lignite (carvão) + PEBD + fungos + actinomicetos	5.6	6.5	7.1	6.9
14	CM-14 Lignite (carvão) + PEBD + Bactérias + Fimgi + Actinomycetes	5.7	6.5	7.0	7.2
15	CM-15 Bagaço + PEBD + bactérias	5.3	6.4	7.1	7.0
16	CM-16 Bagaço + PEBD + fungos	5.3	6.3	6.5	6.2
17	CM-17 Bagaço + PEBD + actinomicetos	5.3	6.2	7.3	7.1
18	CM-18 Bagaço + PEBD + bactérias + fungos	5.2	6.4	7.0	6.7
19	CM-19 Bagaço + PEBD + bactérias + actinomicetos	5.3	6.5	7.1	7.3
20	CM-20 Bagaço + PEBD + fungos + actinomicetos	5.2	6.3	7.0	7.0
21	CM-21 Bagaço + PEBD + bactérias + fungos + actinomicetos	5.3	6.4	7.2	7.2
	SE$_D$	0.30	0.13	0.04	0.08
	CD (P= 0.05)	0.724	0.541	0.021	0.051

4.9.1 análise SEM

A análise SEM confirmou que a modificação da superfície do PEBD, *ou seja,* formação do biofilme, aderência, clivagem (poroso da superfície) e erosão do PEBD devido à produção de enzimas despolimerizantes microbianas e outras atividades catabólicas. A Figura 7 mostra os filmes de PEBD não tratados que não se modificam muito de sua natureza dando uma visão clara em 1000X (a) e 2000X

Tabela 22. Análise de perda de peso da mistura combinada LDPE tratado

S. Não	Combinar mistura	Peso		Perda de peso	Porcentagem (%)
		Inicial (10X10)	Final (10X10)		
1	CM-1 Estrume de quintal da fazenda + PEBD + bactérias	0.395	0.342	0.053	13.417
2	CM-2 Estrume de quintal + LDPE + fUngi	0.395	0.320	0.075	18.987
3	CM-3 Estrume de quintal + LDPE + actinomicetos	0.395	0.272	0.123	31.139
4	CM-4 Estrume de quintal + PEBD + bactérias + fimgi	0.395	0.329	0.066	16.708
5	CM-5 Estrume de quintal + LDPE + bactérias + Actinomycetes	0.395	0.304	0.091	23.037
6	CM-6 Estrume de quintal + PEBD + actinomycetes +firngi	0.395	0.325	0.070	17.721
7	CM-7 Estrume de quintal + LDPE + Bactérias + Fimgi + actinomicetos	0.395	0.319	0.076	19.240
8	CM-8 Lignite (carvão) + PEBD + Bactérias	0.395	0.311	0.084	21.265
9	CM-9 Lignite (carvão) + PEBD + fungos	0.395	0.324	0.071	17.974
10	CM-10 Lignite (carvão) + PEBD + actinomicetos	0.395	0.334	0.061	15.44
11	CM-11 Lignite (carvão) + PEBD + Bactérias + fungos	0.395	0.338	0.056	14.18
12	CM-12 Lignite (carvão) + PEBD + Bactérias + actinomicetos	0.395	0.370	0.025	6.33
13	CM-13 Lignite (carvão) + PEBD + fungos + actinomicetos	0.395	0.318	0.077	19.50
14	CM-14 Lignite (carvão) + PEBD + Bactérias + fungos + actinomicetos	0.395	0.367	0.028	7.09
15	CM-15 Bagaço + PEBD + bactérias	0.395	0.288	0.107	27.09
16	CM-16 Bagaço + PEBD + fungos	0.395	0.343	0.052	13.164
17	CM-17 Bagaço + PEBD + actinomicetos	0.395	0.326	0.069	17.47
18	CM-18 Bagaço + PEBD + bactérias + fungos	0.395	0.370	0.025	6.33
19	CM-19 Bagaço + PEBD + bactérias + actinomicetos	0.395	0.350	0.045	11.392
20	CM-20 Bagaço + PEBD + fungos + actinomicetos	0.395	0.356	0.039	9.873
21	CM-21 Bagaço + PEBD + bactérias + fungos + actinomicetos	0.395	0.336	0.059	14.936
	SED	-	0.0054	0.0055	1.391

104

| CD (P= 0.05) | - | 0.219 | 0.219 | 0.219 |

Figura 6. Percentagem de redução de peso na mistura combinada PEBD tratado

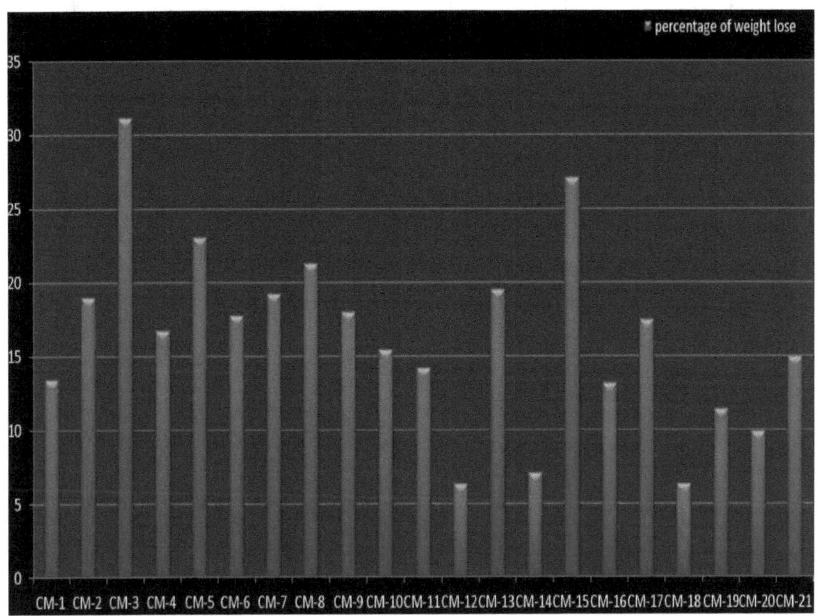

(b). A Figura 8 mostra a aderência microbiana, a formação do biofilme na superfície

do PEBD também a erosão e clivagens feitas por eles foram claramente observadas em

5000X (a) e 4000X (b). A figura 9 mostra a formação de porosidade na superfície do

PEBD que foi observada em 5000X (a) e 2000X (b). figura 10. As imagens mostraram

a aderência em consórcios microbianos de Actinomycetes de PEBD e foram

claramente observadas em 250X (b) mostrando a aderência da população microbiana,

em 2000X (a) e 5000X (c) as imagens mostraram a visão clara da degradação

combinada de bactérias e Actinomycetes.

Figura 7. Análise SEM do PEBD não tratado

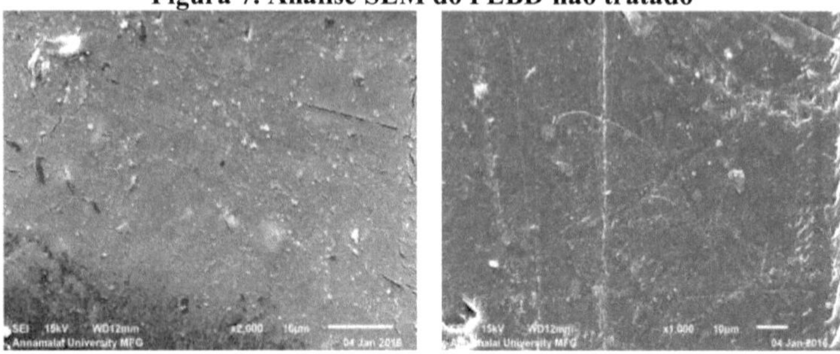

Figura 8. Análise SEM mostrando formação de biofilme e clivagens em consórcios bacterianos tratados com PEBD

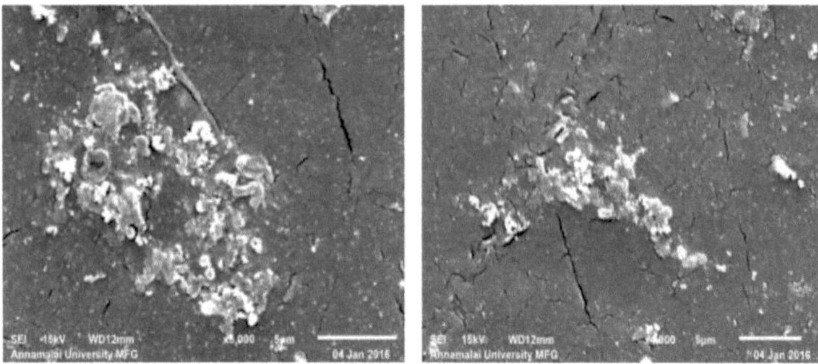

Figura 9. Análise SEM do PEBD recuperado mostrando formação porosa

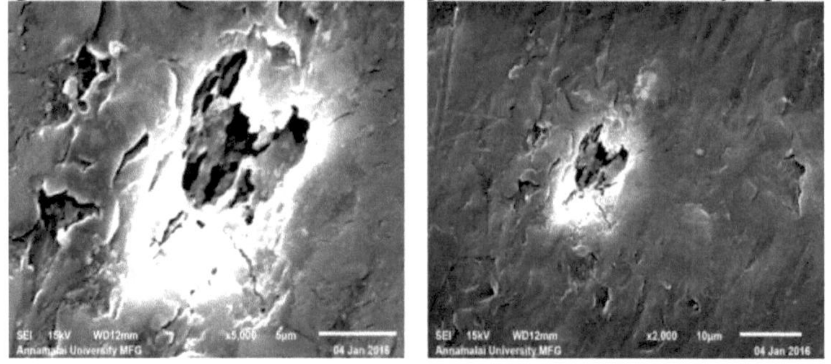

Figura 10. Análise SEM mostrando aderência de consórcios de actinomycetes em PEBD

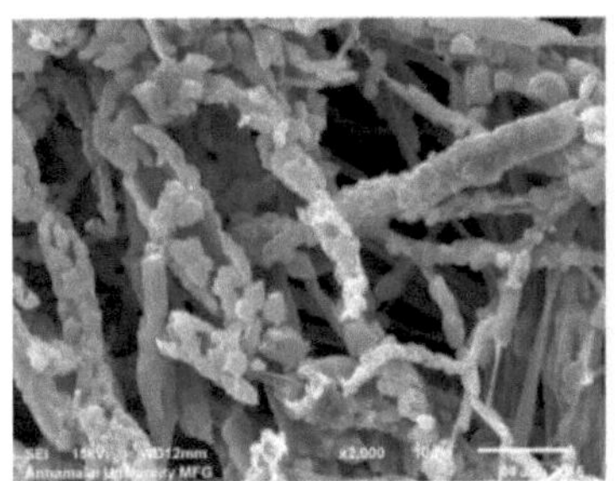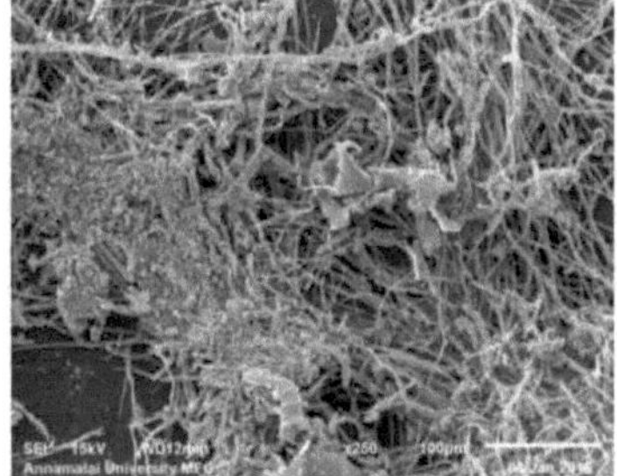

4.9.2 análise do XRD

Um gráfico plotado com os dados de XRD de PEBD não tratado e o Máximo degradado CM-3 (PEBD de FYM + actinomycetecs tratados com PEBD) foram mostrados na figura 11. A figura mostra a intensidade distinta e alta dos picos em 2θ= 37, 43, 62, 75 e 109 no domínio cristalino da amostra de PEBD CM-3, enquanto que no PEBD não tratado, o desaparecimento de outros picos que estavam presentes no CM-3 em 2θ=45.

Esta análise leva à inferência que aumenta a cristalinidade no CM-3 FYM + (actinomicetos tratados com PEBD) devido à despolimerização enzimática por consórcios microbianos, aumentando o acesso microbiano e enzimático ao substrato deve ser possível devido às melhorias da cristalinidade do polímero.

4.9.3 análise FT-IR

As amostras de PEBD foram recuperadas e as perdas de peso foram medidas, com base na perda de peso e na combinação microbiana, a estrutura do PEBD foi analisada utilizando espectroscopia FT-IR (infravermelho de transferência de Fourier) para sete filmes de PEBD selecionados em comparação com filmes não tratados foram analisados em 4000 - 400 cm-1 de comprimento de onda. Dos consórcios microbianos globais de bactérias, fungos e actinomicetos, o CM-3 FYM + Actinomycetes tratados com PEBD foi observado a redução máxima estrutural e o valor de pico de onda da região dos grupos funcionais são apresentados na figura 13 e a frequência atribuída ao PEBD não tratado foi mostrada na figura 12. Como a figura mostra as consideráveis mudanças estruturais nas intensidades das bandas foram observadas. A atribuição de freqüência vibracional hesitante dos espectros de absorção para CM-3 e sem tratamento foram apresentadas na Tabela 23, respectivamente. Os espectros de FT-IR mostraram a banda na faixa de 3550 - 3200 cm-1, o que indica a redução da curva hidroxila livre de O-H, do grupo funcional álcool e fenol, a intensidade do pico também foi diminuída, indicando a erosão gradual do O-H a partir de sua própria estrutura. A região de 2950-2850 cm-1 grupo funcional do alongamento Alquil C-H quando comparado com o PEBD não tratado, a intensidade do pico diminuiu, a região de 1690-1630 cm-1 grupo funcional do ácido carboxílico C=O alongamento, amida C=O alongamento que determina o grupo carbonilo, quando comparado com o PEBD não tratado a intensidade foi diminuída, 1550-1475 (s) cm-1 N-O compostos nitrosos de estiramento assimétrico do composto aromático C=O deformação, 1480-1350 cm-1 -C-H do grupo de alcanos são recém surgidos, 1070-1150 cm-1 absorção do grupo éter C-O forte não mudou em sua própria estrutura, a faixa de intensidade da banda de absorção foi diminuída e a deformação de estiramento C-Br do grupo de halogenetos alquílicos varia em 671cm-1. Todas as alterações indicam redução e formação da estrutura geral no PEBD pela adição de consórcios de actinomicetos produzidos por enzimas catabólicas.

Figura 11. Cristalinidade dos consórcios de actinomycetes tratados com PEBD

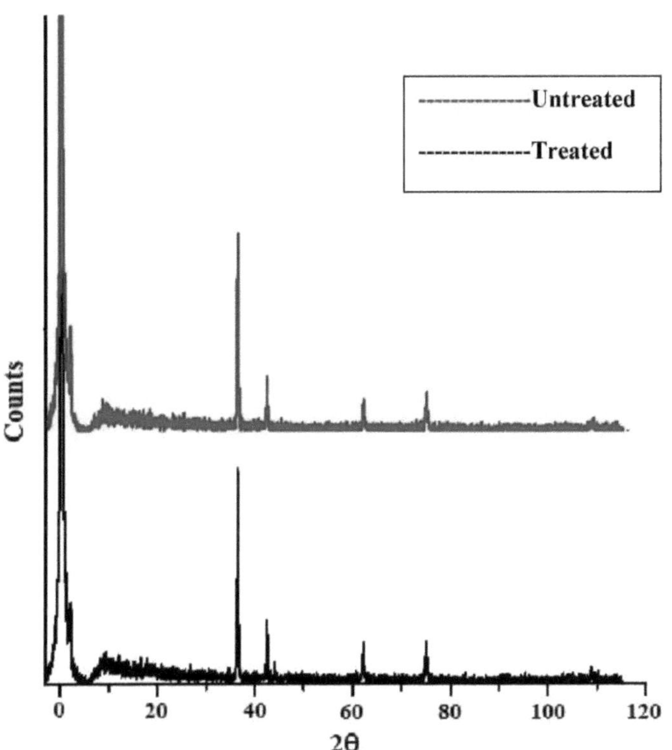

As mudanças estruturais máximas de FYM + actinomicetos tratados com PEBD seguido de Bagaço CM-15 + bactérias tratadas com PEBD redução de intensidade de pico, formação e deformação foram mostradas na figura 14 e as diferenças de faixa foram detalhadas na Tabela 24. Ligeiramente diminuiu a intensidade e a ampla absorção atribuída à vibração de alongamento das faixas O-H em alcinos (terminal) 3330-3270 cm-1, a diminuição da intensidade do ácido carboxílico de -C=C-H: Alongamento C-H na região de picos de vibração de absorção de 3000-2850 cm^{-1}. Quando comparada com o controle, a deformação surgiu no estiramento C-C da faixa de absorção do anel aromático de 1500-1400 cm^{-1}. Além dos álcoois de estiramento C-O, ácidos carboxílicos, ésteres, éteres foram formados na faixa de vibração 1320-1000 (s) cm^{-1} e as aminas alifáticas de estiramento C-N na região 1250-1020 (m) cm^{-1}, a intensidade do pico foi ligeiramente diminuída na mesma faixa de vibração. As faixas de espectro de vibração CM-5 FYM + bactérias + actinomicetos tratados com LDPE FTIR mostradas na Figura 15. A atribuição de frequências dos espectros de absorção sem tratamento e a diferenciação CM-5 apresentada na Tabela 25. A intensidade do pico foi elevada em relação ao CM'3 e CM'15, quando comparado com o PEBD não tratado, observou-se a deformação dos compostos nitrosos de extensão assimétrica N-O na região 1550-1475 cm^{-1}. O pico de vibração dos espectros de EPEBD IR tratados com lignite CM-8 + consórcios bacterianos foi dado na figura 16 e as atribuições de frequência foram dadas na Tabela 26. A intensidade aumentou em relação ao CM'5 na região da banda dos alcanos C-H, estiramento de 3000-2850 cm^{-1}, quando comparado com o PEBD não tratado, a intensidade foi diminuída nas faixas gerais de pico, a deformação ocorreu na região da banda

1470-1450 cm^{-1} grupo funcional de curvatura C-H dos alcanos. O CM'13 Lignite + fungos + actinomicetos trataram a intensidade do PEBD de pico levantado em relação ao CM'8, quando comparado com o PEBD não tratado, a deformação foi observada na região da banda 15501475 cm^{-1} N-O compostos nitrosos de estiramento assimétrico, a observação da frequência de intensidade de pico mostrada na figura 17 e a atribuição de frequência mostrada na Tabela 27.

Tabela 23. Atribuição de frequências FTIR para o PEBD não tratado (controlo) e para os consórcios FYM + actinomycetes tratados PEBD

Não tratado	CM - 3	Atribuição de frequências
3405.77	3353.77	O-H alongamento , H-bonded com álcoois e fenóis forte ligação
2914.31	2914.03	C-H **elastômeros** alcanos Covalentes são formados quando a diferença de eletronegatividade
1650.75	1644.55	-C=C- Alongamento de alcenos e C=O Alongamento de aldeídos
1558.16	-	Dobra N-H de 1° aminas e C-C=C Estiramento simétrico do composto aromático
1540.69	-	Formação de N-O alongamento assimétrico do nitro compostos aromáticos
1521.07	-	Formação de N-O alongamento assimétrico do nitro compostos aromáticos
1507.37	-	Formação de N-O alongamento assimétrico do nitro compostos aromáticos
1471.25	1476.51	C-C=C Estiramento assimétrico do composto aromático,
1460.91	1462.11	C-C=C Estiramento assimétrico do composto aromático
1151.26	1151.26	C-N aminas alifáticas de estiramento e C-O Alongamento do composto éter
1109.17	1111.08	C-O Alongamento do composto éter e aminas alifáticas de estiramento C-N

1078.55	1080.47	C-O Alongamento do composto de éter e aminas alifáticas de estiramento C-N
1034.51	1042.78	C-O Alongamento do composto de éter e aminas alifáticas de estiramento C-N
729.27	729.71	Alongamento C-Cl de halogenetos alquílicos
668.34	-	Alongamento C-Br de halogenetos alquílicos

Figura 12. Espectros de FTIR para PEBD não tratado (controle)

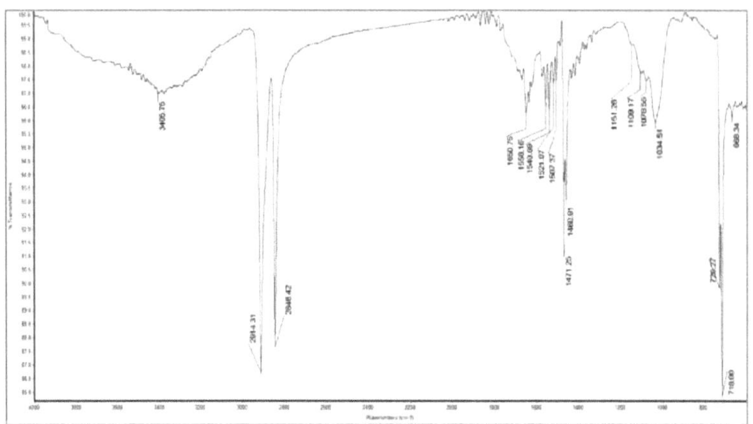

Figura 13. Espectros de FT-IR para consórcios FYM + actinomycetes PEBD tratado

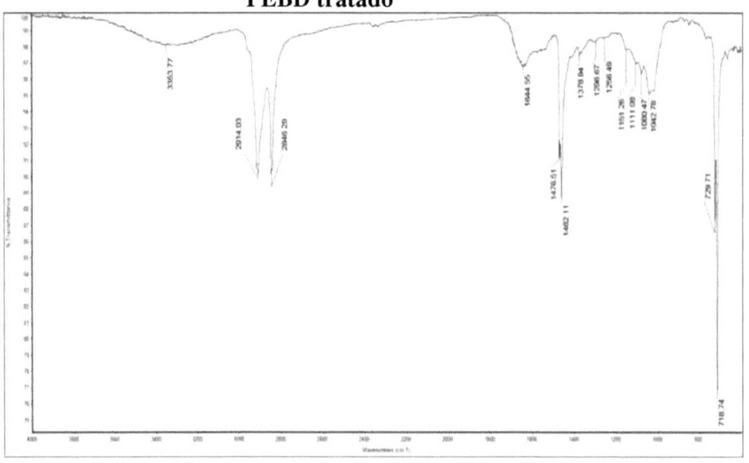

Não tratado	CM - 15	Atribuição de frequências
3405.77	3284.65	O-H alongamento , H-bonded com álcoois e fenóis forte ligação
2914.31	2914.30	C-H **elastômeros** alcanos Covalentes são formados quando a diferença de eletronegatividade
1650.75	1644.89	-C=C- Alongamento de alcenos e C=O Alongamento de aldeídos
1558.16	1568.35	Dobra N-H de 1° aminas e C-C=C Estiramento simétrico do composto aromático
1540.69	1541.57	Formação de N-O alongamento assimétrico de compostos nitro aromáticos
1521.07	-	Formação de N-O alongamento assimétrico de compostos nitro aromáticos
1507.37	-	Formação de N-O alongamento assimétrico de compostos nitro aromáticos
1471.25	1471.85	C-C=C Estiramento assimétrico do composto aromático,
1460.91	1462.42	C-C=C Estiramento assimétrico do composto aromático
1151.26	1147.43	C-N aminas alifáticas de estiramento e C-O Alongamento do composto éter
1109.17	1099.60	C-O Alongamento do composto éter e aminas alifáticas de estiramento C-N
1078.55	1078.55	C-O Alongamento do composto de éter e aminas alifáticas de estiramento C-N
1034.51	1042.96	C-O Alongamento do composto de éter e aminas alifáticas de estiramento C-N
729.27	729.53	Alongamento C-Cl de halogenetos alquílicos
668.34	-	Alongamento C-Br de halogenetos alquílicos

Tabela 25. Atribuição de frequências FTIR para o PEBD não tratado (controlo) e FYM + bactérias + actinomycetes tratados por consórcios PEBD

Não tratado	CM - 5	Atribuição de frequências
3405.77	3390.55	O-H alongamento , H-bonded com álcoois e fenóis forte ligação
2914.31	2914.34	C-H **elastômeros** alcanos Covalentes são formados quando a diferença de eletronegatividade
1650.75	1654.9	-C=C- Alongamento de alcenos e C=O Alongamento de aldeídos
1558.16	1558.05	Dobra N-H de 1° aminas e C-C=C Estiramento simétrico do composto aromático
1540.69	-	Formação de N-O alongamento assimétrico de compostos nitro aromáticos
1521.07	-	Formação de N-O alongamento assimétrico de compostos nitro aromáticos
1507.37	-	Formação de N-O alongamento assimétrico de compostos nitro aromáticos
1471.25	-	C-C=C Estiramento assimétrico do composto aromático,
1460.91	1462.31	C-C=C Estiramento assimétrico do composto aromático
1151.26	1149.34	C-N aminas alifáticas de estiramento e C-O Alongamento do composto éter
1109.17	1103.43	C-O Alongamento do composto éter e aminas alifáticas de estiramento C-N
1078.55	1078.55	C-O Alongamento do composto de éter e aminas alifáticas de estiramento C-N
1034.51	1045.31	C-O Alongamento do composto de éter e aminas alifáticas de estiramento C-N
729.27	728.88	Alongamento C-Cl de halogenetos alquílicos
668.34	667.20	Alongamento C-Br de halogenetos alquílicos

Figura 14. Espectros FT-IR para consórcios Bagasse +bacteria tratados PEBD

Figura 15. Espectros FT-IR para FYM +bacterias + actinomicetos consórcios

PEBD tratado

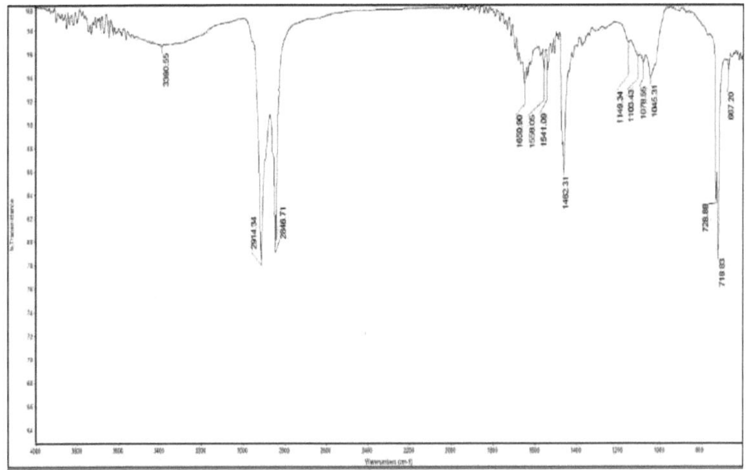

Tabela 26. Atribuição de frequências FTIR para o PEBD não tratado (controlo) e para os consórcios LDPE tratados com lignite + bactérias

Não tratado	CM-8	Atribuição de frequências
3405.77	3394.49	O-H alongamento, H-bonded com álcoois e fenóis forte ligação
2914.31	2914.32	C-H **elastômeros** alcanos Covalentes são formados quando a diferença de eletronegatividade
1650.75	1650.00	-C=C- Alongamento de alcenos e C=O Alongamento de aldeídos
1558.16	155.08	Dobra N-H de 1° aminas e C-C=C Estiramento simétrico do composto aromático
1540.69	-	Formação de N-O alongamento assimétrico de compostos nitro aromáticos
1521.07	-	Formação de N-O alongamento assimétrico de compostos nitro aromáticos
1507.37	-	Formação de N-O alongamento assimétrico de compostos nitro aromáticos
1471.25	-	C-C=C Estiramento assimétrico do composto aromático,
1460.91	-	C-C=C Estiramento assimétrico do composto aromático
1151.26	-	C-N aminas alifáticas de estiramento e C-O Alongamento do composto éter
1109.17	1107.25	C-O Alongamento do composto éter e aminas alifáticas de estiramento C-N
1078.55	1084.29	C-O Alongamento do composto de éter e aminas alifáticas de estiramento C-N
1034.51	1044.28	C-O Alongamento do composto de éter e aminas alifáticas de estiramento C-N
729.27	730.34	Alongamento C-Cl de halogenetos alquílicos
668.34	671.03	Alongamento C-Br de halogenetos alquílicos

Tabela 27. Atribuição de frequências FTIR para o PEBD não tratado (controlo) e Lignite + fungos + actinomycetes consórcios tratados PEBD

Não tratado	CM - 13	Atribuição de frequências
3405.77	3451.01	O-H alongamento , H-bonded com álcoois e fenóis forte ligação
2914.31	2914.14	C-H **elastômeros** alcanos Covalentes são formados quando a diferença de eletronegatividade
1650.75	1652.54	-C=C- Alongamento de alcenos e C=O Alongamento de aldeídos
1558.16	1558.79	Dobra N-H de 1° aminas e C-C=C Estiramento simétrico do composto aromático
1540.69	1539.65	Formação de N-O alongamento assimétrico de compostos nitro aromáticos
1521.07	-	Formação de N-O alongamento assimétrico de compostos nitro aromáticos
1507.37	-	Formação de N-O alongamento assimétrico de compostos nitro aromáticos
1471.25	-	C-C=C Estiramento assimétrico do composto aromático,
1460.91	1461.26	C-C=C Estiramento assimétrico do composto aromático
1151.26	1158.91	C-N aminas alifáticas de estiramento e C-O Alongamento do composto éter
1109.17	1103.43	C-O Alongamento do composto éter e aminas alifáticas de estiramento C-N
1078.55	1042.20	C-O Alongamento do composto de éter e aminas alifáticas de estiramento C-N
1034.51	1019.24	C-O Alongamento do composto de éter e aminas alifáticas de estiramento C-N
729.27	728.42	Alongamento C-Cl de halogenetos alquílicos
668.34	-	Alongamento C-Br de halogenetos alquílicos

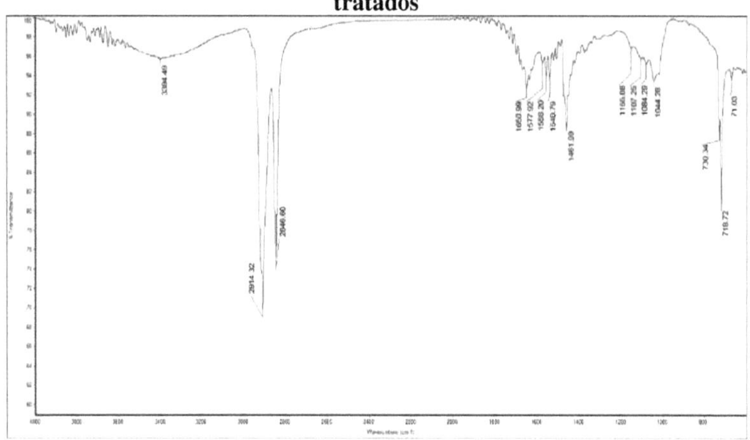

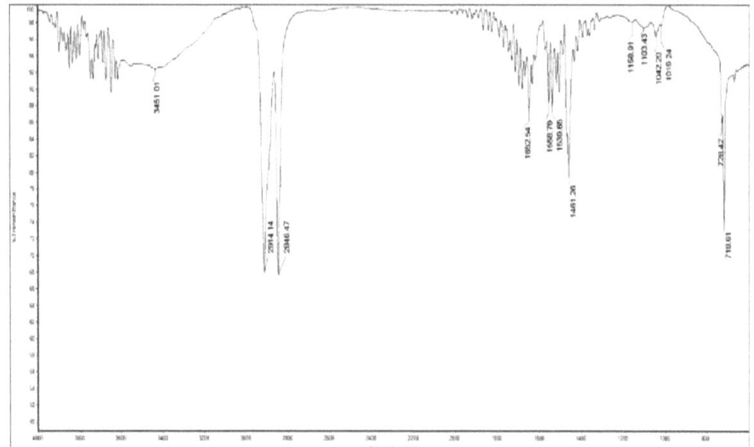

O CM 7 FYM + bactérias + fungos + actinomicetos tratados LDPE IR região do pico vibracional do espectro de IR foi dada na figura 18 e a absorção da atribuição de frequências foi mostrada na Tabela 28. A intensidade do CM-7 elevado em relação ao CM-8 quando comparado com a intensidade do PEBD não tratado foi diminuída, além disso, surgiram compostos do novo grupo fúngico foram C=O aldeídos insaturados, cetonas na região entre 1710-1665 (s) cm-1. O Bagaço CM-19 + bactérias + actinomicetos tratados com PEBD um amplo pico de absorção atribuído à vibração de estiramento foram mostrados na figura 119 e a atribuição de frequência do grupo funcional foi dada na Tabela 29. A intensidade do valor do pico foi aumentada na faixa entre 3500-3200 cm-1 de alongamento O-H, álcoois ligados ao H, formação de fenóis indica mais de um composto funcional adicionado na região quando comparado ao PEBD não tratado seguido por outra intensidade foram aumentados exceto a faixa de 1320-1000 cm-1 de álcoois de alongamento C-O, ácidos carboxílicos, ésteres, éteres, estas faixas de intensidades foram diminuídas. A formação de novos grupos funcionais foi observada no grupo CM-19 com alongamento de 3566 cm-1 do grupo amida (N-H) como no grupo amina, nas faixas de absorção de 1683, 1670 e 1635 cm-1 de amida (C=O) e 1099 C-N de aminas alifáticas.

Tabela 28. Atribuição de frequências FTIR para o PEBD não tratado (controlo) e FYM + bactérias + fungos + actinomycetes tratados por consórcios PEBD

Não tratado	CM - 7	Atribuição de frequências
3405.77	3395.25	O-H alongamento , H-bonded com álcoois e fenóis forte ligação
2914.31	2914.16	**C-H elastômeros** alcanos Covalentes são formados quando a diferença de eletronegatividade
1650.75	1698.56	-C=C- Alongamento de alcenos e C=O Alongamento de aldeídos
1558.16	1558.21	Dobra N-H de 1° aminas e C-C=C Estiramento simétrico do composto aromático
1540.69	1540.77	Formação de N-O alongamento assimétrico de compostos nitro aromáticos
1521.07	1521.07	Formação de N-O alongamento assimétrico de compostos nitro aromáticos
1507.37	1521.07	Formação de N-O alongamento assimétrico de compostos nitro aromáticos
1471.25	-	C-C=CAsymmetricStretchingof aromático composto,
1460.91	1461.63	C-C=CAsymmetricStretchingof aromático complexo
1151.26	1151.26	C-N aminas alifáticas de estiramento e C-O Alongamento do composto éter
1109.17	1107.25	C-O Alongamento do composto éter e aminas alifáticas de estiramento C-N
1078.55	1082.38	C-O Alongamento do composto de éter e aminas alifáticas de estiramento C-N
1034.51	1043.85	C-O Alongamento do composto de éter e aminas alifáticas de estiramento C-N
729.27	730.34	Alongamento C-Cl de halogenetos alquílicos
668.34	-	Alongamento C-Br de halogenetos alquílicos

Tabela 29. Atribuição de frequências FTIR para o PEBD não tratado (controlo) e Bagaço + bactérias + actinomicetos tratados por consórcios PEBD

Sem tratamento (cm-1)	CM - 19 (cm-1)	Atribuição de frequências
3405.77	3420.03	O-H alongamento, H-bonded com álcoois e fenóis forte ligação
2914.31	2914.17	C-H **elastômeros** alcanos Covalentes são formados quando a diferença de eletronegatividade
1650.75	1651.45	-C=C- Alongamento de alcenos e C=O Alongamento de aldeídos
1558.16	1558.22	Dobra N-H de 1° aminas e C-C=C Estiramento simétrico do composto aromático
1540.69	1540.74	Formação de N-O alongamento assimétrico de compostos nitro aromáticos
1521.07	1521.01	Formação de N-O alongamento assimétrico de compostos nitro aromáticos
1507.37	1507.29	Formação de N-O alongamento assimétrico de compostos nitro aromáticos
1471.25	-	C-C=C Estiramento assimétrico do composto aromático,
1460.91	1461.35	C-C=C Estiramento assimétrico do composto aromático
1151.26	1151.26	C-N aminas alifáticas de estiramento e C-O Alongamento do composto éter
1109.17	1099.60	C-O Alongamento do composto éter e aminas alifáticas de estiramento C-N
1078.55	1047.94	C-O Alongamento do composto de éter e aminas alifáticas de estiramento C-N
1034.51	-	C-O Alongamento do composto de éter e aminas alifáticas de estiramento C-N
729.27	730.34	Alongamento C-Cl de halogenetos alquílicos
668.34	671.03	Alongamento C-Br de halogenetos alquílicos

Figura 18. Espectros de FT-IR para FYM +bacterias + fungos + actinomicetos tratados por consórcios LDPE

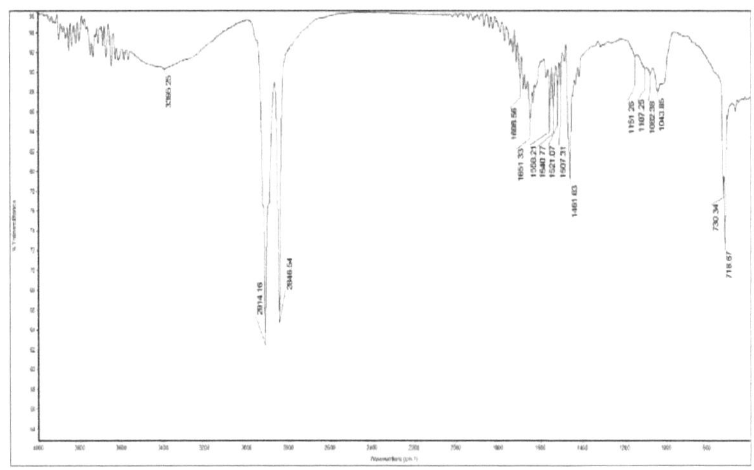

**Figura 19. Espectros de FT-IR para os consórcios Bagasse +bacteria + actinomycetes
PEBD tratado**

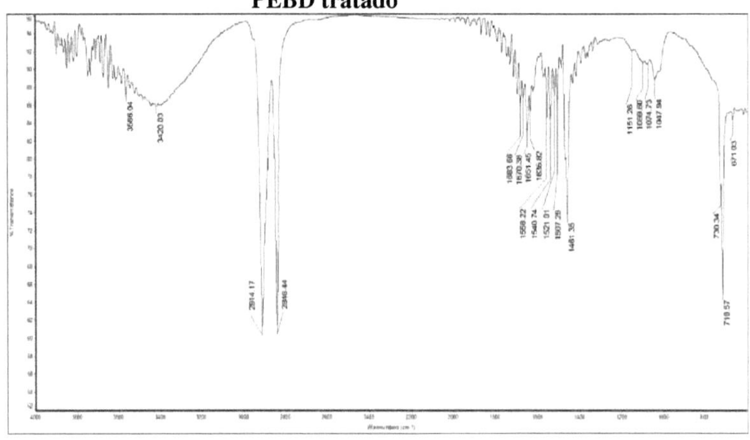

CAPÍTULO - V
DISCUSSÃO

Uma das mais onipresentes e duradouras mudanças recentes na superfície do nosso planeta é a acumulação de plásticos fragmentados. O polietileno é o material de descarte universal, muitas tecnologias têm sido criadas dia após dia, incluindo a tecnologia dos bioplásticos, mas ainda assim os produtos de polímeros sintéticos estão ocupando o alto nível econômico. O grupo de plástico de grau 4 de eliminação do PEBD também criou um problema de toxicidade ambiental. A ausência de uma gestão adequada do descarte e manuseio são a razão do acúmulo de polietileno, a necessidade de diminuir os resíduos de polietileno, as pessoas produzem mais produtos químicos tóxicos através da queima, essas atividades também criam o aquecimento global pela produção tanto de monóxido de carbono (CO) quanto de dióxido de carbono (CO_2).

A maior parte destes resíduos é actualmente depositada em locais não autorizados ou queimada de forma incontrolável nos campos. A gestão das enormes quantidades de resíduos produzidos desta forma representa um problema com grandes implicações ambientais (Gautam, 2009).

A biodegradação é apenas a forma de diminuir a quantidade de polietileno acumulado. Os microorganismos como bactérias, fungos e actinomicetos desempenham um papel importante na degradação do polietileno, quando associados a filmes de polietileno, soltam os átomos de carbono fortemente ligados (Polímero a monômeros) pela produção de suas próprias enzimas, alguns dos microorganismos associados ao solo requerem substrato para produzir enzimas para utilizar o carbono do polietileno.

Assim, foi feito um esforço para isolar, peneirar e identificar os consórcios microbianos degradantes de polietileno para o uso potencial de degradação do polietileno de baixa densidade e para aumentar sua biodegradabilidade junto com vários materiais portadores como substratos. Neste estudo foram utilizados como materiais portadores os substratos induzíveis de produção enzimática de alto conteúdo nutritivo e materiais de baixo custo, como esterco de fazenda, bagaço (resíduos de cana-de-açúcar) e lignite. Comumente estes materiais possuem a máxima atividade catabólica biológica, a adição de cepas de polietileno biodegradáveis identificadas melhoraram a degradação e reduziram o período de tempo de duração da degradação do PEBD.

5.1 ISOLAMENTO DE MICRORGANISMOS DEGRADANTES DO POLIETILENO DE LOCAIS DE DEPÓSITO DE LIXO MUNICIPAL.

No presente estudo, foram registrados, nas amostras coletadas de Chidambaram, os altos microorganismos associados ao polietileno das populações de bactérias, fungos e actinomicetos, as bactérias de 13,4 X 10^6 UFC/g-1, a população de fungos e actinomicetos de 2,7 X 10-4 UFC/g-1 e 5,9 X 10^{105} UFC/g-1 nas amostras coletadas de Cuddalore OT. As presenças de microorganismos nativos associados ao polietileno foram apontadas por ter uma grande diversidade de microorganismos nos resíduos de polietileno.

Da mesma forma, Poonam *et al.* (2013) enumeraram a presença de bactérias e fungos de vários resíduos plásticos associados a amostras de solo, a maior contagem de bactérias totais foi estabelecida no intervalo de 2,4 x 10^{104} a 3,2 x 10^{104} UFC/g na amostra de solo recolhida nos aterros municipais. Vijaya e Mallikarjuna Reddy, (2008) trabalharam em filme de polietileno e copos de plástico, informaram que o número médio de bactérias heterotróficas e fungos encontrados em associação com filme de polietileno e copos de plástico foi 37,08 x [106] e 38,04 4 x [106],26,94 x [106] e 35,13 x [106,] respectivamente.

Segundo Imam *et al.* (1999), a biodegradação significativa só ocorreu após a colonização do plástico, um parâmetro que dependia das populações microbianas residentes. Tokiwa *et al.* (2009) afirmaram que a biodiversidade e a presença de microrganismos que degradam os polímeros é determinada pelo ambiente, tais como solo, água, estimulante do esterco, lodo ativado, *etc.* É essencial examinar a distribuição e os habitantes dos microrganismos que degradam os polímeros em vários ecossistemas. Geralmente, a aderência de microorganismos na superfície do polietileno seguida pela colonização da superfície exposta é o principal mecanismo envolvido na degradação microbiana do polietileno. As espécies bacterianas significativamente envolvidas no processo de biodegradação incluem, *Bacillus* (capaz de produzir endosporos de parede espessa resistentes ao calor, radiação e desinfetante químico), *Pseudomonas, Klebsiella, Rhodococcus, Flavobacterium, Comamonas, Escherichia, Azotobacter* e *Alcaligenes* (Sangale *et al.*, 2012).

Microorganismos foram triados para a determinação da aderência com PEBD no meio livre de carbono mínimo a 130 rpm, formação de biofilme foram observados e medidos a 600 nm, o valor máximo de 0,52 OD foi observado em actinomicetos no terceiro mês deste estudo. A adesão bacteriana ao hidrocarboneto mostrou que a hidrofobicidade da superfície celular do Actinomycetes PAI *(Rhodococcus ruber)* foi maior do que a de outros isolados. Este achado aparentemente reflete a rápida utilização do mineral aderido ao polietileno. A população restante do biofilme continuou a proliferar moderadamente e presumivelmente desempenhou um papel importante na biodegradação do polietileno.

A degradação microbiana de um polímero sólido, como o polietileno, requer a formação de um biofilme na superfície do polímero para permitir que o microorganismo utilize eficientemente o substrato não-solúvel (Gilan *et al.*, 2004). Isso pode descrever a biodegradação relativamente rápida do polietileno, que foi evidente logo duas semanas após a inoculação. Costerton *et al.* (1999) definiram um biofilme como uma comunidade estruturada de células bacterianas encerradas em uma matriz polimérica autoproduzida e aderente a uma superfície inerte ou viva. A natureza molecular da superfície da célula bacteriana é crucial na interacção entre os microrganismos e o hospedeiro (Reifsteck e Wilkinson, 1984).

5.2 TRIAGEM DE ISOLADOS DEGRADÁVEIS DE LDPE A PARTIR DO BIOFILME FORMADO E DETECÇÃO DE PERDA DE PESO

Orhan *et al.* (2004) afirmaram que, em caso de verdadeira biodegradabilidade, os microorganismos utilizam filmes de polietileno como única fonte de carbono, resultando em degradação parcial. Estas bactérias colonizam as superfícies de polietileno formando um biofilme. A hidrofobicidade da superfície celular destas bactérias foi encontrada como um fator importante na formação do biofilme na superfície do polietileno e que conseqüentemente aumentou a biodegradação do polímero.

Da mesma forma, no presente estudo a formação do biofilme do PEBD quando tratado em meios minimamente livres de carbono foi determinada pela análise SEM (Scanning Electron Microscope). A aderência da população microbiana foi encontrada na superfície dos filmes de PEBD, o que indicou os nutrientes suficientes utilizados pelos microorganismos dos meios e a fonte essencial de carbono obtida dos filmes de PEBD.

A redução da perda de peso foi identificada pelos microorganismos biodegradáveis, em três meses foi observada a faixa máxima de perda de peso em actinomicetos PAI - 42,31%, bactérias PBIV - 37,56% e fungos PFV - 34,18% foram registrados neste estudo. O microorganismo utilizou o polietileno como única fonte de carbono no caldo mínimo livre de carbono.

Hadad *et al.* (2005) afirmaram que a bactéria termófila é capaz de utilizar o polietileno como única fonte de carbono e energia. E a biodegradação máxima foi obtida em combinação com a fotooxidação, o que mostrou que os resíduos carbonílicos formados pela foto-oxidação desempenham um papel na biodegradação. *Brevibaccillus borstelensis* também degradou a espinha dorsal CH2 do polietileno não irradiado.

A perda de peso em filmes plásticos foi de apenas 3,68 % no caso do PEAD, mesmo após 12 meses de incubação, enquanto que foi de 11,01 % no caso do PEBD. Vijaya e Mallikarjuna, (2008) tinham investigado após 120 dias de incubação, a porcentagem de redução de peso foi de 20% em *Pseudomonas aeruginosa*, 9% em *Pseudomonas putida* e 11,3% em *Pseudomonas syringae*. A redução de peso para o controle negativo foi de 0,3 %. A perda de peso dos filmes de polietileno pode ser atribuída à degradação da espinha dorsal de carbono devido à degradação enzimática por estas bactérias (Bhone Myint Kyaw *et al.*, 2010).

El-Shafei *et al.* (1998) relataram ganho no peso do politeno após o cultivo dos micróbios no politeno, incubados em agitação regular durante um mês a 30°C. Apenas três em cada 10 micróbios levam à perda de peso. O ganho de peso máximo (2,02%) foi relatado com *Streptomyces humidus*. A possível razão para o ganho de peso do politeno após o cultivo dos micróbios nas tiras é a acumulação de massa celular na superfície do politeno.

5.3 IDENTIFICAÇÃO DE ISOLADOS SELECIONADOS DEGRADANTES DE

LDPE

As bactérias biodegradáveis de polietileno de baixa densidade foram identificadas através de coloração e testes bioquímicos, e foram identificados 16s rRNA genómico sequência de identificação com base na árvore filogenética, para fungos e actinomicetos e comparados com a estirpe MTCC, através dos quais as bactérias foram identificadas como *Pseudomonas aeruginosa,* duas novas espécies de *Bacillus* sp. & *Alcaligenes* sp, e fungos *Aspergillus niger, Aspergillus flavus, Fusarium graminearum* e actinomycetes *Rhodococcus ruber* e *Streptomyces griseus.* Também foram utilizados para potencial aplicação da degradação do PEBD no presente estudo.

Merina Paul Das e Santosh Kumar, (2013) relataram que, de forma semelhante, as duas cepas bacterianas degradantes do polietileno foram isoladas da área do aterro sanitário de resíduos sólidos urbanos, que foram capazes de degradar o PEBD. Os isolados bacterianos foram identificados pelo método 16S rRNA. As sequências nucleotídicas aqui obtidas foram submetidas à base de dados do GenBank. As cepas foram identificadas como *Bacillus amyloliquefaciens* BSM-1 e *Bacillus amyloliquefaciens* BSM-2 e foram atribuídos números de adesão, KC924446 para BSM-1 e KC924447 para BSM. Neste estudo também obtivemos os números de adesão para 16 bactérias rRNA nucleotídicas sequenciadas, do NCBI Genbank são KU359417, KU359418, KU359419 e KU359420.

5.4 ESTUDO DE ISOLADOS DE ENZIMAS/PRODUTOS MICROBIANOS PARA BIODEGRADAÇÃO

Bholay *et al.* (2012) relataram que a atividade da enzima lignina peroxidase dos isolados estava na faixa de 30 % a 76 %. Entre todas as atividades mais altas dos isolados foram obtidas para *Pseudomonas aeruginosa* e

Serratia marcescens que foram 75,67% e 59,45% respectivamente,

Em seguida, no presente estudo, foram investigadas as produções de enzimas microbianas. Duas categorias de enzimas estão envolvidas no processo de degradação do polietileno: as despolimerases extraceluares e as despolimerases intracelulares. As exoenzimas dos microorganismos, primeiro decompõem os polímeros complexos dando cadeias curtas que são suficientemente pequenas para permear através das paredes celulares para serem utilizadas como fontes de carbono e energia. Neste estudo, as enzimas degradantes do polietileno foram triadas e identificadas como laccase, peroxidase de manganês, amilase, lignina peroxidase e despolimerase (PHB-polyhydroxybutanoate despolimerase, e PHA- Polyhydroxyalkanoate despolymerase).

Segundo o Starnecker e Menner, (1996) a degradação microbiana dos plásticos é causada por certas atividades enzimáticas que levam a uma clivagem em cadeia do polímero em oligómeros e monómeros. Estes produtos solúveis em água clivados enzimaticamente são mais absorvidos pelas células microbianas onde são metabolizados. Gu *et al.* (2000) relataram que o metabolismo aeróbio resultou em dióxido de carbono e água. Enquanto o metabolismo anaeróbico produziu dióxido de carbono, água e metano como produtos finais, respectivamente, a degradação leva à decomposição dos polímeros em monômeros criando uma facilidade de acúmulo pelas células microbianas para maior degradação.

Singh *et al.* (2012) realizaram a degradação do PEBD com *Aspergillus fumigatus* e *Penicillium* sp. De acordo com seu trabalho, *Aspergillus fumigatus* conseguiu degradar 4,65% do polietileno e *Penicillium* sp. degradou 6,58% do polietileno.

Quanto à produção de enzimas neste estudo, a produção de amilase foi maior no *Bacillus* sp. (48 %), seguida por outros, a produção de despolimerase foi maior no *Fusarium graminearum* (49 %) e no *Alcaligen* sp. (47%) seguido de outros, a produção de enzima Laccase foi maior em Actinomycetes *Rhodococcus ruber* (62%) e *Pseudomonas aeruginosa* (46%) seguido de outros , a produção máxima da enzima Lignina peroxidase por *Aspergillus niger* (53%) e *Aspergillus flavus* (44%) seguida de outras e a produção da enzima peroxidase de manganês foram maiores em *Rhodococcus ruber* (51%) , *Streptomyces griseus* (48%) e *Aspergillus niger* (47%) seguida de outras.

Oda *et al.* (1998) estudaram a produção da enzima Polycaprolactone depolymerase pela bactéria *Alcaligenes faecalis*. Ele isolou várias bactérias capazes de degradar a polycaprolactona (PCL) do solo e lodo ativado.

Ramachandra *et al.* (1998) demonstraram que existem três bactérias produtoras, algumas de álcool veratryl mas não 2,4-diclorofenol lignina peroxidase. Podemos então assumir que cada uma das culturas bacterianas era ligninolítica. A polycaprolactona (PCL), um polímero importante devido às suas fortes propriedades mecânicas, biodegradabilidade e miscibilidade com vários outros polímeros (Kim e Rhee 2003; Labet e Thielemans 2009), foi investigada pela sua degradação em ambientes terrestres e aquáticos. Foram isoladas várias estirpes de bactérias e fungos decompositores de PCL, *como Alcaligenes, Clostridium, Aspergillus, Penicillium, Fusarium* e *Streptomyces* (Benedict *et al.* 1983; Tokiwa *et al.* 2009).

Stamets, (2005) também investigou a produção de enzimas por cogumelos que são peroxidase de lignina, peroxidase de manganês e laccase, que penetram, quebram e digerem ou mineralizam substâncias nocivas nos resíduos e ele ampliou que essas enzimas podem agir individual ou coletivamente para ajudar o micélio a quebrar a natureza ou materiais resistentes feitos pelo homem.

5.5 MELHORIA DA BIODEGRADAÇÃO ATRAVÉS DA COMBINAÇÃO DE CONSÓRCIOS MICROBIANOS COM VÁRIOS MATERIAIS PORTADORES

No presente estudo foram utilizados vários materiais portadores para melhorar a biodegradabilidade, para isso utilizamos o FYM (estrume de quintas), lignite e bagaço para os quais são ricos em valor nutritivo e actividades biológicas, os consórcios microbianos inoculados e as suas actividades melhoraram as actividades de degradação do PEBD.

De acordo com Okoh e Atuanya, (2014) utilizaram esterco como material de transporte e afirmaram que o esterco das aves melhorou a decomposição do polietileno. Houve uma diferença significativa entre os meios desses tratamentos (P<0,05). Os microorganismos predominantes identificados a partir dos diferentes tratamentos das amostras de solo alteradas com polietileno e esterco foram *Pseudomonas* sp., *Staphylococcus* sp., *Micrococcus* sp., *Streptococcus* sp., *Bacillus* sp, *Acinetobacter* sp. Outros isolados bacterianos foram *Escherichia coli*, *Serratia* sp., *Proteus* sp. e *Klebsiella* sp. Entre as espécies fúngicas isoladas e identificadas, *Aspergillus* sp. *Penicillium* sp. e *Trichoderma* sp. foram os organismos predominantes. Tipos similares de microorganismos foram relatados anteriormente que estão associados a tiras de polietileno enterradas no solo (Kathiresan, 2003; Orhan *et al.*, 2004).

Os nossos resultados apoiam e aumentam estes resultados mostrando 31,14%

de degradação em estrume de quintal + Actinomycetes consórcios de *Rhodococcus ruber* e *Streptomyces griseus* foram melhorados a degradação do PEBD seguido por 27,09% em Bagaço + Consórcios bacterianos de *Pseudomonas aeruginosa, Bacillus* sp, *Alcaligenes* sp., *Bacillus anthracis* tratado PEBD e 21,27 % em consórcios de lignite + bactérias da mesma bactéria PEBD tratado

5.6 TEMPERATURA DAS MISTURAS COMBINADAS

Enquanto a degradação do PEBD em materiais portadores o aumento da temperatura atingiu o máximo de 51A em FYM + consórcios combinados de Actinomycetes *(Rhodococcus ruber* e *Streptomyces griseus)* tratados com PEBD. Isto indicou o processo de biodegradação nos actinomicetos como rápido quando comparado com outros. Enquanto os materiais de compostagem com degradação do PEBD, a temperatura é um parâmetro chave que determina o sucesso das operações de compostagem. As características físicas dos ingredientes do composto, incluindo o teor de umidade, afetam a taxa na qual a compostagem ocorre.

A atividade máxima de compostagem termófila pode ser atingida na faixa de 50-60 T. Este estudo foi realizado para os organismos mesófilos. A temperatura é um fator importante na eficiência da compostagem, devido à sua influência na atividade e diversidade de microorganismos (Finstein *et al.,* 1986). A evolução da temperatura reflete diretamente a atividade microbiana durante a compostagem (Golueke, 1991) que pode ser considerada como um bom indicador da fase bio-oxidativa.

Nakasaki *et al.* (1985) mostraram que a taxa exata de evolução de CO_2 dos microorganismos era de no máximo 70 T quando comparado com 50 T e 60 T de compostagem. Também tem sido relatado que o aumento da temperatura indica uma taxa máxima de absorção de oxigênio de um microrganismo do que a temperatura ótima da sua taxa de crescimento.

A temperatura na pilha de compostagem aumenta durante os primeiros dias, o aumento da temperatura entre 60 T e 70 T permanece por vários dias, e depois diminui lentamente até uma temperatura estável (Jimenez e Garcia, 1989). Similarmente neste estudo, a temperatura foi aumentada no primeiro mês, segundo e terceiro mês a temperatura foi gradualmente diminuindo chegando à temperatura normal no terceiro mês, isto indica, durante o primeiro mês do período de degradação o micróbio iniciou atividades de oxidação e produção de ácido mais estas atividades foram gradualmente diminuindo em toda compostagem de misturas combinadas para a degradação do material portador depois que as enzimas catabólicas produzidas foram ligadas ao PEBD e degradando o mesmo.

Goyal *et al.* (2005) observaram mudanças de temperatura em vários estágios de decomposição de diferentes resíduos orgânicos. A temperatura inicial de 20-30 °C foi registrada no início da compostagem e a temperatura mais alta de 68 °C foi observada aos 14 dias da compostagem. Os resultados acima estão de acordo com o presente estudo.

5.7 MUDANÇAS DE pH DURANTE A BIODEGRADAÇÃO EM MISTURA COMBINADA

Os valores iniciais de pH estavam entre 4,0 e 9,0, dependendo do substrato. Nos primeiros 60 dias de degradação, foi observado um aumento de pH para os substratos. O aumento do pH é resultado da volatilização e decomposição microbiana dos ácidos orgânicos e da liberação de amônia pela mineralização microbiana de fontes de nitrogênio orgânico (Mckinley e Vestal 1984). Da mesma forma neste estudo as faixas de pH foram aumentadas no primeiro mês de degradação combinada, no segundo mês houve uma ligeira diminuição e no terceiro mês um novo aumento no pote tratado por consórcios de actinomycetes e bactérias. Na mistura combinada tratada por consórcios fúngicos o nível de pH aumentou no primeiro mês e no segundo e terceiro mês, o qual foi diminuído pela produção de ácidos. White *et al.* (1995) sugeriram que um pH alcalino poderia melhorar o processo de compostagem, controlando fungos patogênicos que preferem condições de crescimento ácido (Saidi *et al.* 2008). A decomposição de resíduos orgânicos a valores de pH de 6,0 ou abaixo pode retardar o processo de decomposição, enquanto valores de pH acima de 8,0 podem causar a liberação de odores desagradáveis associados à amônia.

5.8 SEM PARA ANÁLISE FÍSICA DE LDPE

No presente estudo, os filmes de PEBD não tratados e tratados por consórcios microbianos/biodegradados foram analisados utilizando técnicas microscópicas de Scanning Electron. A formação do biofilme microbiano, clivagens com modificação na superfície, consórcios microbianos associados a outros e aderência na superfície dos filmes de PEBD para a utilização dos filmes de PEBD como fonte de carbono foram claramente observados. Similarmente Mahalakshmi *et al.* (2012) relataram as imagens da Microscopia Eletrônica de Varredura (Scanning Electron Microscopy) mostrando bactérias colonizadoras sobre o filme. Também, cavidades foram observadas no filme iniciando a biodegradação do polímero.

Kavitha *et al.*   (2014) afirmam que a microfotografia da SEM foi Também foi observada biodegradação comprovada do polietileno através da formação de cavidades na superfície do polietileno e mudanças estruturais como erosão na superfície do filme de PEBD.

As micrografias SEM dos biofilmes bacterianos mostraram alguma degradação localizada do polietileno ao redor da bactéria (Gilan *et al.*, 2004). Também eles colocaram a hipótese de uma baixa população celular com uma baixa taxa de crescimento consistindo de células que são capazes de utilizar o polietileno como uma fonte de carbono.

5.9 análise do XRD

Esta técnica de caracterização foi empregada para investigar as modificações induzidas pela irradiação, tais como o tamanho do cristalito e a cristalinidade relativa. Todas as amostras foram posicionadas sobre a placa de carregamento de amostras localizada na câmara de DRX. Durante a configuração, a placa de carregamento foi colocada em modo de oscilação (movimento do eixo x,y) com uma amplitude de 0,5mm. Difração de raios X (DRX) possivelmente devido à formação de cristalita na região amorfa da matriz polimérica (cristalização secundária), confirmada a permeabilidade ao oxigênio, característica do aumento da cristalinidade (Ram *et al.*, 1987). Neste estudo também a cristalinidade na região amorfa foi determinada pelo aumento da intensidade do pico e formação de novo pico em 2 0 =45°. A análise de difração de raios X é utilizada para determinar a cristalinidade (a influência na dureza).

Suryanarayana e Norton, (1998) observaram que o valor de cristalinidade amorfa de 20 variava de 5 a 35° no PEBD, utilizando os softwares GADDS e Eva que analisaram os resultados registrados. Ao implementar a lei de Bragg, o espaçamento d foi determinado a partir do padrão XRD.

Kieran *et al.* ,(2013), foram encontrados os três picos cristalinos que apareceram durante esta experiência a 21,5°, 24,3° e 36,5°. A fase ortopédica para o pico localizado a 21,5° é 110, para o pico de 24,3° é 200 e para o pico de 36,5° é 210. Estas fases representam o ângulo de difração que corresponde ao plano cristalino ortopédico. Murray *et al.* (2012) foram sugeridos quando a percentagem de cristalinidade determinada pelo DRX foi comparada à percentagem de cristalinidade.

5.10 ANÁLISE DAS MUDANÇAS ESTRUTURAIS EM LDPE DEVIDO A CONSÓRCIOS MICROBIANOS POR FTIR

A espectroscopia FTIR é mais amplamente utilizada na determinação das mudanças estruturais das macromoléculas. Como é sabido que a degradação dos polímeros pode ocorrer tanto por hidrólise como por oxidação, com esta ferramenta é possível estimar a extensão da modificação da cadeia principal do polímero devido à ação de fatores abióticos ou bióticos. Supõe-se que os mecanismos de degradação dos polímeros podem ser determinados pela medição dos níveis de carbonilo cetônico, carbonilo éster e picos internos de dupla ligação (Bozena *et al.*, 2012).

Shalini e Sasikumar (2015) focalizaram a degradação do material de polietileno de baixa densidade, utilizando um consórcio microbiano. Os microorganismos encontrados na superfície da amostra de LDP, causando algumas alterações físicas como o surgimento e a carência de algumas bandas, é a evidência neste estudo pela análise FTIR. Kavitha *et al.* (2014) observaram que as alterações na estrutura do polietileno com posterior inoculação bacteriana e foram analisadas pelo FTIR na faixa de frequência de 4000 - 800 cm-1. Da mesma forma neste estudo, os micróbios degradados de PEBD foram analisados por FTIR na faixa de freqüências de 4000 - 400 cm-1. A formação e deformação do grupo funcional foram observadas através destes espectros.

Segundo Sudesh *et al.* (2007), os espectros de FT-IR são obtidos pelos filmes de quatro amostras diferentes de PEBD. Foi constatado que alguns novos picos surgiram após o período de biodegradação. Eles podem ser atribuídos a picos específicos, como o dímero desidratado do grupo carbonila (1720 cm-1), deformação CH3 (1463 cm-1) e banda de conjugação C=C (862 cm-1). As bandas múltiplas de alongamento C=C de média fraqueza e a deformação do pico de absorção do composto nitroso foram observadas na faixa de 1600-1400 cm-1 em CM3 FYM + actinomicetos tratados com PEBD seguido de CM-15, CM-5, CM-8 e CM-13 neste estudo. A deformação dos grupos funcionais foi determinada pelo alargamento do pico que foi como evidência de biodegradação.

Os espectros de FTIR do BPE10 pré-tratado mostram, a introdução do grupo funcional ketocarbonil (1718 cm-1) após 1 mês de biodegradação e a intensidade aumenta com período de até 3 meses e ao mesmo tempo um alargamento da banda que indica a presença de mais de um produto de oxidação.

Neste estudo também encontramos muitos novos picos surgidos após a biodegradação. No CM-3 (FYM + actinomycetes tratados com PEBD) atribuídos três novos picos são o estiramento C-N de grupos de aminas alifáticas (1378, 1296 e 1256 cm-1) quando comparados com o PEBD não tratado, estas formações também encontradas no CM-15, surgiram dois novos picos (1382 e 1302 cm-1) estas formações de novos picos indicaram a adição de mais de um produto de oxidação. A formação de novos picos foi observada no Bagaço + bactérias + actinomicetos tratados com PEBD na faixa de 3566 cm-1, estiramento O-H de ligações hidroxilas livres dos grupos álcool e fenol.

Weiland *et al.* (1995) comparados com o controle correspondente do PEBD não tratado, a intensidade da banda carbonila em 1710-1750 cm-1 foi significativamente reduzida durante o processo com os microorganismos selecionados. A intensidade das bandas na faixa de 1000-1700 cm-1 (1071, 1541 e 1649 cm-1) também é acreditada para as frações oxidadas devido à ação dos microrganismos selecionados. Parte da diminuição da absorção a 1714 $^{cm-1}$ é compensada pelo aparecimento de carboxilatos a 1541 cm-1. Da mesma forma neste estudo também, a intensidade do alongamento O-H, dos álcoois ligados ao H, dos fenóis e do alongamento C-H dos alcanos foi diminuída na faixa de 3500-3250 cm^1 e 3000-2850 cm-1 em consórcios microbianos que trataram todos os PEBD, a diminuição das intensidades indicou as frações que foram feitas pelas atividades catabólicas dos consórcios microbianos selecionados. A intensidade das bandas C-H wag (-CH2 X) halogenetos alquílicos e aminas alifáticas de estiramento C-N em 1300-1150 e 1250-1020 cm-1 de absorção foram diminuídas conforme o máximo foi observado em Lignite + fungos + actinomicetos tratados com PEBD.

CAPÍTULO - VI

SÍNTESE

Neste estudo, foi feita uma tentativa de isolar, peneirar e identificar as caracterizações de micróbios biodegradáveis dos depósitos municipais de resíduos de polietileno para o melhoramento da taxa de biodegradação do PEBD (Polietileno de Baixa Densidade) juntamente com os materiais portadores como o FYM, Lignite e Bagaço, utilizando consórcios microbianos individuais e combinados selecionados e suas aplicações potenciais nos estudos de degradação do PEBD. Os resultados obtidos nos presentes estudos foram resumidos abaixo.

Os resíduos municipais de polietileno foram recolhidos em vários locais do Distrito de Cuddalore. Foram realizadas contagens microbianas por UFC e isoladas das amostras 20 bactérias, nove fungos e seis actinomicetos de diferentes espécies. Todos os isolados foram triados para determinar a capacidade de biodegradação do polietileno nos meios livres de carbono mínimo.

A taxa de crescimento dos microorganismos degradantes do PEBD em meios livres de carbono mínimo com filmes de PEBD foi observada usando o espectrofotômetro. Os isolados bacterianos de PBVII, PBXI, PBXIV e PBXX apresentaram taxa máxima de absorção ao 30º dia, após o qual passaram à fase de morte, os demais isolados bacterianos não apresentaram taxa de crescimento reduzida. Em fungos, a absorção máxima de DO observada em PFV e em actinomicetos, a DO máxima observada em PAI no 90º dia de observações.

Nas cepas isoladas foram observadas reduções de peso dos filmes de polietileno tratados. Das 20 cepas bacterianas isoladas, foram encontrados números máximos de isolados para degradar o PEBD, mas quatro dos isolados, como PBIV, PBVI, PBIX e PBXV, foram predominantemente degradados o PEBD. Em isolados fugais, a perda de peso máxima observada em PFI, PFV e PFVII tratados com PEBD e em actinomicetos, a perda de peso máxima observada em PAI e PAIII. Estes microorganismos selecionados foram utilizados para as investigações posteriores.

Foi feita a seleção de isolados degradantes de polietileno, com base na redução do peso do PEBD. A partir dos isolados selecionados, as bactérias foram identificadas pelas suas características morfológicas e bioquímicas determinadas através do manual de Bergey. 16S rRNA especificações genômicas também foram feitas e submetidas ao NCBI e números de adesão obtidos para os isolados identificados do NCBI-GenBank eles também anunciaram as novas espécies de dois tipos de *Bacillus* sp., (B1 e B2- B-denota Bacillus) outros novos *Alcaligenes* sp. e *Pseudomonas aeruginosa.* Os fungos, *Aspergillus flavus, Aspergillus niger & Fusarium graminearum* e os actinomycetes *Rhodococcus ruber* e *Streptomyces griseus* foram identificados por comparação com culturas padrão de MTCC da mesma espécie.

Os isolados identificados foram triados para suas próprias produções despolimerizando enzimas de amilase (PHB-Polyhydroxybutrate e PHA-Polyhydroxyalkanoate) despolimerase, laccase, peroxidase de manganês, lignina peroxidase produções foram analisadas. Entre estas, a produção de amilase foi maior em B2-Bacillus sp., a produção máxima de despolimerase foi observada em *Fusarium graminearum,* a produção de laccase foi maior em *Rhodococcus ruber,* a produção de lignina peroxidase foi maior em *Aspergillus niger* e a produção de peroxidase de manganês foi maior em *Rhodococcus ruber* foram observadas.

Foram recolhidos materiais portadores de FYM, bagaço e lignite e analisadas as propriedades físico-químicas dos materiais portadores. A combinação de isolados microbianos com materiais portadores foi feita de maneira diferente, as misturas combinadas (CM) de 21 potes foram preparadas como CM-1, CM-2, CM-3, como *por exemplo,* até CM-21. Os tratamentos das misturas combinadas foram mantidos por 90 dias para a degradação do PEBD, enquanto as mudanças de temperatura e pH foram medidas a cada período de fim de mês.

Após 90 dias, foram recuperadas amostras de PEBD, as reduções de peso no PEBD foram observadas utilizando balança de pesagem. Os pesos reduzidos de máximo foram selecionados com base na combinação de consórcios microbianos. De 21 misturas combinadas, sete foram selecionadas para análise química de FT-IR. As alterações estruturais do PEBD em polímeros foram analisadas a 4000-400 cm-1, as modificações estruturais foram obtidas pelos consórcios microbianos combinados e suas produções extracelulares de enzimas. A redução estrutural máxima foi alcançada em CM-3 (Actinomycetes tratados com PEBD) determinada pela diminuição das intensidades. A intensidade máxima aumenta e a formação de novos picos devido às secreções microbianas.

As alterações físicas no PEBD foram determinadas pela análise SEM através desta aderência microbiana, formação do biofilme, clivagens (porosas) e os consórcios combinados na superfície do PEBD foram focalizados e as imagens foram capturadas para evidência. As formações do biofilme na superfície do PEBD foram focalizadas em 4000X e 5000X, as clivagens (porosas) foram capturadas 2000X e 5000X e a aderência nas superfícies em actinomicetos de PEBD tratados foram focalizadas em

250X, 2000X e 5000X.

A análise de DRX foi realizada, a cristalinidade varia entre $2\theta = 10 - 120°$. A formação de cristalinidade do PEBD foi registrada no peso máximo de PEBD perdido de CM-3 quando comparado com o PEBD não tratado. A intensidade da salinidade cristalizada da região amorfa aumentada foi comprovada pela formação de novos picos em consórcios microbianos tratados com PEBD, o que deu evidências para as biodegradações.

REFERÊNCIAS

Aditi Sah, Harshita Negi, Anil Kapri, Shahbaz Anwar, Reeta Goel. 2011. Prazo de validade e eficácia comparativa dos consórcios bacterianos degradantes de PEBD e PVC sob bioformulação. EKOLOGIJA. T. 57. Nr.2. P. 55-61

Albertsson A.C., Barenstedt C., Karlsson S. 1994. Produtos de degradação abiótica a partir de polietileno ambientalmente degradável melhorado. Polímeros Acta 45:97-103.

Albertsson AC., Banhidi ZG. 1980. Efeitos microbianos e oxidativos na degradação do polietileno. J Appl Polym Sci 25: 1655-1671.

Albertsson, A.C., Andersson, S.O., Karlsson, S. 1987. Os mecanismos de biodegradação do polietileno. Degradação e Estabilidade do Polímero 18, 73-87.

Albertsson, A.C., Banhidi, Z.G., Beyer-Ericsson, L.L. 1978. Bio-degradação de polímeros sintéticos.III. A liberação de 14C02 por moldes como Fusarium redolens de 14C rotulado polietileno pulverizado de alta densidade. J. Appl. Polímero. Sci., 22, 3435-3447.

Albertsson, A.C., Barenstedt, C., Karlsson, S., Lindberg, T. 1995. O padrão do produto de degradação e as alterações morfológicas como meio para diferenciar o polietileno degradável abiótico e bio-antigo. Polímero 36, 3075-3083.

Albertsson, A.C., Karlsson, S. 1990. A influência dos ambientes biótico e abiótico na degradação do polietileno. Prog Polym Sci;15:177-92.

Altschul. S.F., Madden T.L., Shaffer A.A., Zhang, Z., Miller, W., Lipman, D.J. 1997. Gapped BLAST e PSI-BLAST: uma nova geração de programas de pesquisa de base de dados de proteínas. Ácidos Nucleicos Res 25:3389-3402.

Andrady, A.L. 2011. Microplásticos no ambiente marinho. Mar. Pollut. Touro. 62, 1596-1605.

Annamalai, N., Thavasi, S., Vijayalakshmi, S., Balasubramanian, T. 2011. Extracção, purificação e caracterização de a-amilase alcalina termo-estável de Bacillus cereus. Ind J Microbiol.doi: 10.1007/s12088-011-0160-z.

Artham, T., Doble, M. 2008. Biodegradação de Policarbonatos Alifáticos e Aromáticos. Macromol Biosci 8: 14- 24.

Atashpaz, S., Khani, S., Barzegari, A., Barar, J., Vahed, S.Z., Azarbaijani, R. 2010. Um Método Universal Robusto de Extracção de ADN Genómico de Espécies Bacterianas. Microbiologia, 79(4), 538-542.

Ausubel, F.M., Brent, R., Kingston, R.E., Moore, D.D., Seidman, J.G., Smith, J.A., Struhl, K. 1992. Protocolos curtos em biologia molecular, 2ª edn. Wiley, Nova Iorque.

Barnett, H.L. 1960. Gêneros ilustrados de fungos imperfeitos. 2ª ed. Burgess Publishing Company.

Barnett, H.L., Hunter, B. 1998. Gêneros ilustrados de fungos imperfeitos. 4ª ed. APS Press. Minnesota.

Benedict, C.V., Cameron, J.A., Huang, S.J. 1983. Degradação da polycaprolactona por culturas mistas e puras de bactérias e leveduras. J Applymer Sci 28:335-342.

Bergey's manual of determinative bacteriology, 9th ed., Williams & Wilkins, Baltimore, MD 1994.

Bhardwaj, H., Gupta, R., Tiwari, A. 2012. Microbial Population Associated with Plastic Degradation, doi:10.4172/ scientificreports., 1(5) 272.

Bhatt, D.L. , Cryer, B.L. , Contant, C.F. , Cohen, M. , Lanas, A. , Schnitzer, T.J. , Shook, T.L. , Lapuerta, P. , Goldsmith, M.A. , Laine, L. , Scirica, B.M. , Murphy, S.A. , Cannon, C.P. 2010.Investigadores do COGENT. Clopidogrel com ou sem omeprazol na doença arterial coronária. Nov 11;363(20):1909-17.

Bhattacharya, P., Lin, L., Turner, J.P., Ke, P.C. 2010. A adsorção física de nanopartículas de plástico carregadas afeta a fotossíntese de algas. J. Phys. Chem. C 114 (39), 16556-16561.

Bholay, A.D., Borkhataria, V., Jadhav, U., Palekar, S., Dhalkari, V., Nalawade, P.M.

2012. Bacterial Lignin peroxidase: Uma ferramenta para biolecagem e biodegradação de efluentes industriais. Universal Journal of Environmental Research Technology 2 58-64.

Bhone Myint Kyaw, Ravi Champakalakshmi, Meena Kishore Sakharkar, Chu Sing Lim, Kishore R., Sakharkar, 2010. Biodegradação do Polietileno de Baixa Densidade (PEBD) por Pseudomonas Espécies 52(3):411- 419.

Bianchi, R.F., Balogh, D.T., Tinani, M., Faria, R.M., Irene, E.A. 2004. J. Polym. Sci. Parte B: Polímero. Phys. 42 1033.

Bikiaris, D., Aburto, J., Alric, I., Borredon, E., Botev, M., Betchev, C. 1999. Propriedades mecânicas e biodegradabilidade de misturas de PEBD com ésteres ácidos gordos de amilase e amido. J Appl Polym Sci;71: 1089-1100.

Bikiaris, D., Panayiotou, C. 1998. LDPE/amido de amido compatibilizado com copolímeros PE-g-MA. J. Appl. Polímero. Sci., 70, 1503-1521.

Bollag, W.B., Dec, J., Bollage, J.M. 2000. Biodegradação. - In: Elexander, M. (ed.) Encyclopedia of Microbiology, Academic Press, New York: 461-471.

Bonhomme, S., Cuer, A., Delort, A.M., Lemaire, J., Sancelme, M., Scott, G. 2003. Biodegradação ambiental do polietileno. Polímero. Degrad. Estabilização. 81, 441-452.

Bouchez, M., Blanchet, D., Vandecasteele, J.P. 1995. Disponibilidade do substrato - a cidade na biodegradação do fenantreno: mecanismo de transferência e influência no metabolismo. Aplic. Microbiol. Biot. 43, 952-960.

Bozena, N., Jolanta, P., Jagna, K. 2012. Biodegradação de filmes de polietileno modificado pré-envelhecido, ISBN : 978-953.

Buchanan, R.E., Gibbons, N.E. 1986. Bergey's Manual of Determinative Bacteriology. 12ª edição. The Williams and Wilkins Company. Baltimore.

Cancelar, A.M., Orth, A.B., Tien, M. 1993. Lignina e álcool veratryl não são indutores do sistema ligninolítico de Phanerochaete chrysosporium. Appl. Environ. Microbiol. 59, 2909-2913.

Cataldo, N.A., Abbasi, F., McLaughlin, T.L., Basina, M., Fechner, P.Y., Giudice, L.C., Reaven, G.M. 2006. Efeitos metabólicos e ovarianos do tratamento com rosiglitazona durante 12 semanas em mulheres resistentes à insulina com síndrome do ovário policístico. Hum Reprod. 21:109-120.

Chee, J.Y., Yoga, S.S., Lau, N.S., Ling, S.C., Abed, R.M.M., Sudesh, K.L. 2010. Poli-hidroxialcanoato (PHA) produzido bacterialmente: Conversão de Recursos Renováveis em Bioplásticos. Appl Microbiol & Microbiol Biotech A Mendez Vilas (Ed).

Chiellini, E. 2004. Que polímeros são biodegradáveis, CEEES Workshop 4 de Novembro, Bruxelas, Bélgica.

Corbin, D.R., Grebenok, R.J., Ohnmeiss, T.E., Greenplate, J.T., Purcell, J.P. 2001. Expressão e Cloroplastos visando a oxidase do colesterol em plantas transgênicas de Tabaco. Fisiol. vegetal, 126(3):1116-1128.

Cornell, J.II., Kaplan, A.M., Rogers, M.R. 1984. Biodegradação de polialquilenos fotooxidados. J Appl Polym Sci;29:2581-97.

Costerton, J.W., Stewart, P.S., Greenberg, E.P. 1999. Biofilmes bacterianos: uma causa comum de infecções persistentes. Ciência 1999;   284: 1318-1322.

Crabbe, J.R., Campbell, J.R., Thompson, L., Walz, S.L., Schultz, W.W. 1994. Biodegradação de um poliuretano à base de ésteres coloidais por fungos do solo. Inter. Biodet. & Biodeg. 33, 103 -113.

Dam, N., Scurlock, R.D., Wang, B., Ma, L., Sundahl, M., Ogilby, P.R. 1999. Chem. Mater. 11 -1302.

Dashtban, M., Schraft, H., Syed, T.A., Qin, W. 2010. Biodegradação fúngica e modificação enzimática da lignina. Int J Biochem Mol Biol 1: 36-50.

Datta, P.K., Mishra, K., Kumar M.N.V.R. 1998. Popular Plastics and Packaging, Mahindra Publishers, Nova Deli, Índia, p.73.

De, J.; Ramaiah, N.; Vardanyan, L. 2008. Desintoxicação de metais pesados tóxicos por bactérias marinhas altamente resistentes ao mercúrio. Mar. Biotechnol., 10, 471-477.

Dede Mahdiyah, Elpawati, Bayu Hari Mukti. 2013. Isolamento de Bactérias Degradantes de Polietileno Plástico. Biosciences International, 2(3): 29-32.

Edwards, C.A. 1995. Panorâmica histórica da vermicompostagem. BioCycle, 6:56-58.

Edwards, U., Rogall, T., Blocker, H., Emde, M., Bottger, E.C. 1989. Isolamento e determinação direta de nucleotídeos completos de genes inteiros. Caracterização de um código genético para 16S de RNA ribossômico. Ácidos nucléicos Res 17, 7843-7853.

El-Shafei, H.A., Nadia, H., El-Nasser, A., Kanosh, A.L., Ali, A.M. 1998. Biodegradação do polietileno descartável por fungos e Espécies Streptomyces. Polym Degrad Stab 62: 361-365.

Eubeler, J.P., Bernhard, M., Knepper, T.P. 2010. Ambiente biodegradação de polímeros sintéticos II. Biodegradação de diferentes grupos de polímeros. Trends Anal Chem 29(1):84-100.

Finstein, M.S., Miller, F.C., Strom, P.F. 1986. Compostagem de tratamento de resíduos como sistema controlado. Biotecnologia 8: 363-398.

Fontanella, S., Bonhomme, S., Kounty, M., Husarova, L., Brusson, J.M. 2010. Comparação da biodegradabilidade de vários filmes de polietileno contendo aditivos pró-oxidantes. Polym Degrad Stab 95: 1011-1021.

Frazer, A.C. 1994. O-metilação e outras transformações de compostos aromáticos por ace togen ic bact eria. In: Aceto genes é Drake HL (edi). Chapman & Hall, Nova York.

Frias, J.P., Sobral, P., Ferreira, A.M. 2010. Poluentes orgânicos em microplásticos de duas praias da costa portuguesa. Mar Pollut Bull Portugal, 60:761-767.

Gautam, R., Bassi, A.S., Yanful, E.K. 2007. Aplicar. Biochem. Biotecnologia. 141, 85-108.

Gautam, R., Hsu, N.C., Tsay, S.C., Lau, K.M., Holben, B., Bell, S., Smirnov. A., Li, C., Hansell, R., Ji, Q., Payra, S., Aryal, D., Kayastha, R., Kim, K.M. 2009. Acumulação de aerossóis sobre as planícies indo-gangéticas e encostas do sul dos Himalaias: distribuição, propriedades e efeitos radiativos durante a época pré-monções de 2009. Atmosfera. Química. Phys., 11, 12841-12863, 2011.

Gilan, (Orr) I., Hadar, Y., Sivan, A. 2004. Colonização, formação de biofilmes e degradação do polietileno por estirpe de Rodococcus ruber Applied Microbiology and Biotechnology, 65, 97-104.

Glass, J.E., Swift, G. 1989. Polímeros Agrícolas e Sintéticos, Biodegradação e Utilização, ACSSymposium Series, 433. Washington DC: American Chemical Society;. p. 9-64.

Goldberg, D.A. 1995. revisão da biodegradabilidade e utilidade da poli (caprolactona). J Environ Polym Degrad;3:61-68.

Golueke, C.G. 1991. Compreender o processo. Em: Pessoal do BioCycle (Eds.). The BioCycle Guide to the Art and Science of Composting (Guia BioCycle da Arte e Ciência da Compostagem). The JG Press, Inc., Emmaus, Pennsylva- nia, USA. pp. 14-27.

Gowarikar, VR., Viswanathan, N.V., Sreedhar, J. 2000. Copolimerização. In: Polymer Science', New Age International, Índia, pp. 205-206.

Goyal, S., Dhull, S.K., Kapoor., K.K. 2005. Alterações químicas e biológicas durante a compostagem de diferentes resíduos orgânicos e avaliação da maturidade do composto. Bioresour. Técnico, 96(14): 1584-1591.

Griffin, G.J.L. 1980. Polímeros sintéticos e o ambiente de vida. Puro Chem de aplicação;52:399-407.

Griffin, G.J.L. 2007. Degradação do polietileno em cemitério de compostagem. J. Polímero. Sci. Polímero. Symp., 57, 281-286.

Gu, J.D. 2003. Deterioração microbiológica e degradação de materiais poliméricos sintéticos: pesquisas recentes Avanços. International Biodeterioration & Biodegradation, 52(2), 69-91.

Gu, J.D., Ford, T.E., Mitton, D.B., Mitchell, R. 2000. Corrosão microbiana de metais. In: RevieW(ed) The Uhlig Corrosion Handbook, 2nd edn. Wiley, Nova York, pp 915-927.

Gulmine, J.V., Janissek, R.P., Heise, H.M., Akcelrud, L. V. Perfil de degradação do poli-etileno após uma aceleração artificial do tempo. Polym Degrad Stab;79: 385e97.

Gupta, S.B., Ghosh, A., Chowdhury, T. 2010. Isolamento de isolados bacterianos de plástico tolerante ao stress de resíduos plásticos antigos. J de Agric Sci 6 (2) : 138-140.

Hadad, D., Geresh, S., Sivan, A. 2005. Biodegradação do polietileno pela bactéria termófila Brevibacillus borstelensis. J Aplicar Microbiol 98: 1093-1100.

Hadi Maleki, Alireza Dehnad, Shahram Hanifian, Sajjad Khani. 2013. Isolamento e Identificação Molecular de Streptomyces spp. com Actividade Antibacteriana do Noroeste do Irão. BioImpactos, 3(3), 129-134.

Hakkarainen, M., Albertsson, A. 2004. Degradação ambiental do polietileno. Avanços na ciência dos polímeros. 169: 177-199.

Hasan, F., Shah, A.A., Hameed, A., Ahmed, S. 2007. Efeito sinergético da foto e do tratamento químico sobre a taxa de biodegradação do polietileno de baixa densidade por Fusarium sp. AF4. J Appl Polym Sci 105:1466-70.

Hazen, T.C., Dubinsky, E.A., DeSantis, T.Z., Andersen, G.L., Piceno, Y.M., Singh, N., Jansson, J.K., Probst, A., Borglin, S.E., Fortney, J.L., Stringfellow, W.T., Bill, M., Conrad, M.E., Tom, L.M., Chavarria, K.L., Alusi, T.R., Lamendella, R., Joyner, D.C., Spier, C., Baelum, J., Auer, M., Zemla, M.L., Chakraborty, R., Sonnenthal, E.L., D'haeseleer, P., Holman, H.Y.N., Osman, S., Lu, Z., van

Nostrand, J.D., Deng, Y., Zhou, J., Mason, O.U. 2010. A pluma de óleo do mar profundo enriquece as bactérias indígenas que decompõem o óleo. Ciência, 330, 204-208.

Head, I.M., Swannell, R.P.J. 1999. Biorremediação de contaminantes de hidrocarbonetos petrolíferos em habitats marinhos. Moeda. Opinião. Biotechnol., 10, 234-239.

Hofrichter, M., Lundell, T., Hatakka, A. 2001. Conversão de madeira de pinho moída por peroxidase de manganês a partir de Phlebia radiata. Appliron Microbiol 67: 4588- 4593.

Holt, J.G., Krieg, N.R., Sneath, P.H.A., Staley, J.T., Williams, S.T. 1 994. Grupo 19, varas Gram-positivas regulares e não-positivas. In Bergey's Manual of Determinative Bacteriology, 9th edn, pp. 565-570. Baltimore : Williams & Wilkins.

Howard, G.T., Ruiz, C., Hilliard, N.P. 1999. Crescimento de Pseudomonas chlororaphis sobre um poliéster-poliuretano e a purificação e caracterização de uma enzima de poliuretanase-esterase. Biodegradação Intadérmica;43:7-12.

Iluang, J.C., Shctty, A.S., Wang, M.S. 1990. Plásticos biodegradáveis: Uma revisão. Avanços na Tecnologia de Polímeros (10) 23-30.

Iiyoshi, Y., Tsutsumi, Y., Nishida, T. 1998. Dose de degrau- polietileno por fungos degradantes da lignina e peroxidase de manganês. Journal of wood acience: 222-229.

Ikada, E. 1999. Observação por microscópio electrónico da biodegradação de polímeros. J Environ Polym Degrad; 7:197-201.

Imam, S.H., Gordon, S.H., Shogren, R.L., Tosteson, T.R., Govind, N.S., Greene, R.V. 1999. Degradação do bioplástico amido - poli (b-hidroxibutirato - Co- b-Hidroxivalerato) em águas costeiras tropicais. Aplic. Ambiente. Microbiol., 65: 431-437.

Imam, S.H., Gould, J.M., Gordon, S.H., Kinney, M.P., Ramsey, A.M., Tosteson, T.R. 1992. Fate of starch-containing plastic 6lms exposed in aquatic habitats. Curr

Microbiol;25:1-8.

Ioannis Arvanitoyannisa, Costas, G., Biliaderis, Hiromasa Ogawab, Norioki Kawasakib. 1998. Carboidratos Polímeros Filmes biodegradáveis feitos de polietileno de baixa densidade (PEBD), amido de arroz e amido de batata para aplicações em embalagens de alimentos : Parte 1, *36*, 89-104.

Iranzo, M., Sainz-Pardo, I., Boluda, R., Sanchez, J., Mormeneo, S. 2001. O uso de microorgansims na remediação ambiental. Ann. Microbiol., 51, 135-143.

Israelita, Y., Lacoste, J., Lemaire, J., Sinch, R.P., Sivaram, S. 1994. Oxidação por fotos e termoiniciação de poliestireno de alto impacto. Caracterização por espectroscopia ft-ir. Journal of polymer science part a polymer chemistry. 32, 485-493.

Jeffrey, L.S.H., Sahilah, A.M., Son, R., Siah, S. 2007. Isolation and screening of actinomycetes from Malaysian soil for their enzymatic and antimicrobial activities, Journal of Tropical Agriculture and Food Sciences. 35: 159-164.

Jimenez, E.I., Garcia, V.P. 1989. Avaliação da Maturidade do Composto de Recusa da Cidade: A Review, Biological Wastes, 27:115-142.

Juan-Manue, Restrepo-Florez, Amarjeet Bassi, Michael, R., Thompsonb. 2014. Degradação microbiana e deterioração do polietileno. International Biodeterioration and Biodegradation 88- 83e90.

Kamal, M.R., Huang, B. 1992. Desmaterialização natural e artificial de polímeros. In: Hamid SH, Ami MB, Maadhan AG, editores. Handbook of Polymer Degradation (Manual de Degradação de Polímeros). Nova York, NY: Marcel Dekker; p. 127-68.

Kannan, M., Suganya, T., Arun Prasanna, V., Rameshkumar, N., & Krishnan, M. (2015). Um método eficiente de extração de DNA genômico a partir de bactérias-culturais do intestino de inseto. *Moeda. Res. Microbiol. Biotechnol, 3,* 550-556.

Kapri, A., Zaidi, M., G.H., Goel, R. 2009. Nanobarium tita- nate como suplemento para acelerar a biodegradação de resíduos plásticos por consórcios microbianos indígenas. Anais da Conferência da AIP. ISBN 978-0-73540684-1. 1147: 469-474.

Kapri, A., Zaidi, M.G.H., Goel, R. 2010. Implicações das nanopartículas de SPION e NBT na biodegradação in vitro e in-situ do filme de PEBD. Journal of Microbiology and Biotechnology. Vol. 20(6): 1032-1041.

Kapri, A., Zaidi, M.G.H., Satlewal, A., Goel, R. 2010. Biodeterioração Internacional e Biodegradação Acelerada por SPION de polietileno de baixa densidade por consórcio microbiano indígena. *International Biodeterioration & Biodegradation, 64(3)* 238-244. http://doi.org/10.1016zj.ibiod.2010.02.002

Karlsson, S., Albertsson, A.C.1998. Polímeros biodegradáveis e interação ambiental. Ciência da Engenharia de Polímeros 38, 1251-1253.

Karlsson, S., Ljungquist, O., Albertsson, A.C. 1988. Polym. Degrad. Facada, 21, 237.

Kathiresan, K. 2003. Polietileno e micróbios degradantes de plástico do solo de mangue. Revista de Biologia Tropical, 51: 629-634.

Kavitha, R., Anju Mohanan, K., Bhuvaneswari, V. 2014. Biodegradação do polietileno de baixa densidade por bactérias isoladas de solo contaminado com óleo. International journal of plant, animal and environmental sciences 4(3): 601-610.

Kawato, M., Shinobu, R. 1959. No suplemento de Streptomyces herbaricolor nov. sp.: uma técnica simples para a observação microscópica. Memórias da biblioteca da Universidade de Osaka. Arte e Educação 8: 114.

Kim, D.Y., Rhee, Y.H. 2003. Aplicar. Microbiol. Bio- tecnol. 61, 300-308.

Kim, Y., Yeo, S., Kum, J., Song, H.G., Choi, H.T. 2005. Clonagem de um gene cDNA peroxidase de manganês reprimido por manganês em Trametes versicolor. J Microbiol 43: 569-571.

Kirk, T.K., Tien, M., Faison, B.D. 1984. Bioquímica da oxidação da lignina por Phanerochaete chrysosporium. Biotecnol. Adv. 2, 183- 199.

Kolbert, C.P., Persing, D. H. 1999. Sequenciamento de DNA Ribosomal como ferramenta para identificação de patógenos bacterianos. *Opinião actual em microbiologia, 2*(3), 299-305.

Koutny, M., Sancelme, M., Dabin, C., Pichon, N., Delort, A.M., Lemaire, J. 2006. Biodegradabilidade adquirida dos aditivos prooxidantes polietilenos containing. Polímeros. Degradado. Estabil., em prensa.

Krainsky, A. 1914. Die Aktinomyceten und ihren Bedeutung in der Natur. Zentralbl Bakteriol Parasitenkd Infektionskr Hyg Abt II 41, 649-688.

Kwpp, L.R., Jewell, W.J. 1992. Biodegradabilidade de filmes plásticos modificados em ambientes biológicos controlados. Environ Technolvente;26:193-198.

Kyaw, B.M., Champakalakshm, R., Sakharkar, M.K., Lim, C.S., Sakharkar, K.R. 2012. Biodegradação do polietileno de baixa densidade (PEBD) por espécies de Pseudomonas. Indian J Microbiol 52(3):411- 419.

Labeda, D.P., Testa, R.T., Lechevalier, M.P., Lechevalier, H.A. 1985. G/ycomyces. um novo gênero de Actinomycetales. Int. J. Syst. Bacteriol. 35:417-421.

Labet, M., Thielemans, W. 2009. Síntese de polycaprolactone: uma revisão. Chem Soc Rev 38:3484-3504.

Labuzek, S., Nowak, B., Pajak, J. 2003. The Susceptibility of Polyethylene Modified with Bionolle to Biodegradation by Filamentous Fungi. Ambiente. Stud., 13: 59-68.

Lang, S., Philp, J.C. 1998. Lípidos superficialmente activos em rodococos. Anton Leeuw Int. J. G 74, 59-70.

Larkin, M.J. , Kulakov, L.A., Allen, C.C.R. 2005. *Rhodococcus* e Biodegradação: Mestres da versatilidade catabólica. *Current Opinions in Biotechnology,* **26(3):** 2882-290.

Lau, A.K., Cheuk, W.W., Lo, K.V. 2009. Degradação de cordéis de estufa derivados de fibras naturais e polímeros biodegradáveis durante a compostagem. J Environ Manage 90: 668-671.

Lee, B., Pometto, A, L., Fratzke, A., Bailery, T.B. 1991. Biodegradação do polietileno plástico degradável por espécies de fanerochaete e Streptomyces. Microbiologia Aplicada e Ambiental, 57: 678-685.

Luigi, M., Gaetano, D.M., Vivia, B., Angelina, L.G. 2007. Potencial biodegradável e caracterização de bactérias marinhas psicrotolerantes bifenil-degrading policloradas isoladas de uma estação costeira na baía de Terra Nova (Mar de Ross, Antárctida). Mar. Poluente. Bull., 54, 1754-1761.

Madhuri Sharon, Chetna Sharon. 2012. Estudos de Biodegradação do Polietileno tereftalato: Um polímero sintético. J. Microbiol. Biotecnologia. Res., 2 (2):248-257.

Mahalakshmi, V., Siddiq, A., Andrew, S.N. 2012. Análise de microorganismos degradantes do polietileno isolados do solo de compostagem. Revista internacional de arquivos farmacêuticos e biológicos: 1190-1196.

Manzur, A., Limon-Gonzalez, M., Favela-Torres, E. 2004. Biodegradação do PEBD fisiochemicamente tratado por um consórcio de fungos filamentosos. J. Appl. Polímero. Sci. 92, 265e271.

Marek Koutny, Jacques Lemaire, Anne-Marie Delort. 2005. Biodegradação de filmes de polietileno com aditivos prooxidantes. Chemosphere 64 (2006) 1243-1252.

Masaki, K., Kamini, N.R., Ikeda, H., lefuji, H. 2005. A enzima tipo cutina da levedura Cryptococcus sp. cepa S-2 hidrolisa ácido poliláctico e outros plásticos biodegradáveis. Appl Environ Microbiol 71: 7548-7550.

Massardier-Nageotte, V., Pestre, C., Cruard-Pardet, T., Bayard, R. 2006. Biodegradabilidade aeróbica e aneróbica de filmes de polímeros e caracterização físico-química. Polímero. Degrad. Estabilizado. 91, 620-627.

Matsumura, S. 2005. Mecanismo de biodegradação, em polímeros biodegradáveis para aplicações industriais, editado por R Smith (Woodhead, Inglaterra) 357-409.

Maya Paabo, Barbara C. Levin. 1987. A Literature Review of the Chemical Nature and Toxicity of the Decomposition Products of Polyethylenes Fire and Materials, Vol. 11, 55-70.

Mayer, A.M., Staples, R.C. 2002. Laccase: novas funções para uma enzima antiga.

Fitoquímica 60, 551-565.

Mayuri Bhatia, Amandeep Girdhar, Archana Tiwari e Anuraj Nayarisseri. 2014. Implicações de uma nova espécie de Pseudomonas na biodegradação do polietileno de baixa densidade: uma abordagem in vitro a in silico. SpringerPlus, 3:497.

McCarthy, A. J. 1987. Lignocellulose-degrading actinomycetes. FEMS Microbiol. Apoc. 46:145-163.

McKinley, V.L., Vestal, J.R. 1984. Biokinetic analysis of adaptation and succession: microbial activities in composting municipal sewage sludge. *Microbiologia ambiental aplicada,* 47: 933-941.

Mehta, S., Biederman, S., Shivkumar, S. 1995. Degradação térmica do poliestireno espumado. J Mater Sci, 30:2944.

Merina Paul Das, Santosh Kumar, 2013. Influência da Hidrofobicidade da Superfície Celular na Colonização e Formação do Biofilme na Biodegradação do PEBD. 4,690-694.

Milstein, O., Gersonde, R., Huttermann, A., Frund, R., Feine, H.J., Ludermann, H.D., Chen, M.J., Meister, J.J. 1994. Evidência de ressonância magnética infravermelha e nuclear de degradação em termoplásticos baseados em produtos florestais. J. Environ. Polímero. Degrad. 2(2): 137-152.

Murray, M.J., Ng, M.M., Fraval, H., Tan, J., Liu, W., Smallhorn, M., Brill, J.A., Field, S.J., Saint, R. 2012. Regulação da migração de mesoderme de Drosophila por fosfoinositides e o domínio do PH do factor de troca Rho GTP Pebble. Dev. Biol. 372(1): 17--27.

Nakajima-Kambe, T., Onuma, F., Kimpara, N., Nakahara,T. 1995. Isolamento e caracterização de uma bactéria que utiliza poliuretano de poliéster como única fonte de carbono e energia. FEMS Microbiol Lett;129:39-42.

Nakasaki, K., Sasaki, M., Shoda, M., Kubota, H. 1985. Alteração dos números microbianos durante a compostagem termófila de lodos de esgoto com referência à taxa de evolução do CO2. Microbiologia Aplicada e Ambiental, 49(1), 37-41.

Nayak Priyanka, Tiwari Archana. 2011. Biodegradação do politeno e do plástico com a ajuda de ferramentas microbianas: uma abordagem recente. IJBAR. 02(09).

Neugebauer, H., Brabec, C.J., Hummelen, J.C., Janssen, R.A.J., Sariciftci, N.S. 1999. Synth. Met. 102:1002.

Neugebauer, H., Brabec, C.J., Hummelen, J.C., Sariciftci, N.S. 2000. Sol. Energy Mater. Sol. Cells 61: 35.

Nishida, H., Tokiwa, Y. 1993. Distribuição de microrganismos degradantes aeróbios (b-hidroxibutirato) e poli (ε-caprolactona) em diferentes ambientes. J. Ambiente. Polímero. Degrad. 1:227-233.

Nwogu, N.A., Atuanaya, E.I., Akpaja, E.O. 2012. Capacidade dos cogumelos selecionados para biodegradar o polietileno. Mycosphere Doi : 455- 462.

Oda, Y., Oida, N., Urakami, T., Tonomura, K. 1998. Policaprolactona despolimerase produzida pela bactéria Alcaligenes faecalis. FEMS Micobiol. Lett. 150: 339-343.

Okoh, E.B., Atuanya, E.I. 2014. Impactos da compostagem do solo e do estrume de aves na biodegradação do polietileno. Internacional J. Aplic. Micro. Biotech. Res. (IJAMBR) 2: 18-29 ISSN 2053-1818.

Orhan, Y., Buyukgungor, H. 2000. Melhoria da biodegradabilidade do polietileno descartável em solo biológico controlado. Biodegradação Interiores 45: 49-55.

Orhan, Y., Hrenovic, J., Buyukgungor, H. 2004. Biodegradação de sacos plásticos de compostagem sob condições controladas de solo. Acta Chim. Slov. 51: 579-588.

Orr, I.G., Hadar, Y., Sivan, A. 2004. Colonização, formação de biofilme e biodegradação do polietileno por uma estirpe de Rhodococcus ruber. Microbiologia Aplicada e Biotecnologia 65 (1), 97-104.

Ozen, B.F., Floros, J.D., Nelson, P.E. 2001. Reunião anual do IFT, Nova Orleães, Louisiana, (73D-19).

Pandey, B., Ghimire, P., Agrawal, V.P. 2002. Estudos sobre a actividade antibacteriana dos Actinomycetes isolados da Região de Khumbu do Nepal. Obtido em 5 de Maio de 2004 em http://www.aehms.org/pdf/ Pandey%20F. pdf.

Papinutti, L., Martinez, J.M. 2006. Production and Characteri- zation of Laccase and manganese peroxidase from the ligninolytic fungus Fomes sclerodermeus, Journal of technology and biotechnolo- gy, 81:1064-1070.

Pegram, J.E., Andrady, A.L. 1989. Envelhecimento ao ar livre de riais poliméricos seleccionados sob condições de exposição marinha. Polímero. Degrad. Esfaqueamento. 26, 333e345.

Phua, S.K., Castillo, E., Anderson, J.M., Hiltner, A. 1987. Biodegradação de um poliuretano in vitro. J Biomed Mater Res 21: 231-246.

Piedad Diaz, M., Boyd, K.G., Grigson, S.J.W., Burgess, J.G. 2002. Biodegradação do petróleo bruto através de uma vasta gama de salinidades por um consórcio de bactérias extremamente halotolerantes MPD-M, imobilizadas em fibras de polipropileno. Biotecnol. Bioeng. 79, 145-153.

Pieper, D.H., Reineke, W. 2000. Bactérias de engenharia para biorremediação. Moeda. Opinião. Biotechnol., 11, 262-270.

Pometto, A.L., Lee, B., Johnson, K. 1992. Produção de uma enzima(s) degradante(s) de polietileno(s) extracelular(es) por espécies de Streptomyces. Aplic. Environ. Microbiol. 58, 731e733.

Poonam, K., Rajababu, V., Yogeshwari, J., Patel, H. 2013. Diversidade de microorganismos degradantes do plástico e sua avaliação em plástico biodegradável, Ecologia Aplicada e Pesquisa Ambiental 11(3): 441-449.

Porter, N., Wilhelmj, J., Tresnerh, D. 1960. Método para o isolamento preferencial dos actinomicetos do solo. AppZ. Microbiol. 8:174.

Pospisil, J., Nespurek, S. 1997. Destaques em química e física de estabilização de polímeros. Macromol Symp;115:143-63.

Pramila, R., Padmavathy, K., Ramesh, V.K., Mahalakshmi, K. 2012. Brevibacillus parabrevis, Acinetobacter baumannii e Pseudomonas citronellolis -Potenciais candidatos à biodegradação do polietileno de baixa densidade (PEBD). Journal of Bacteriological Research 4(1) 9-14.

Pramila, R., Vijaya Ramesh, K. 2011. Biodegradação do polietileno de baixa densidade (PEBD) por fungos isolados da área de aterro municipal. J. Microbiol. Biotecnologia. Res., 1 (4):131-136

Pranamuda, H., Tokiwa, Y., Tanaka, H. 1997. Degradação de polilactida por um Amycolatopsis sp. Appl. Environ. Microbiol. 63(4): 1637-1640.

Pridham, TG., Anderson, P., Foley, E., Lindenfelser, L.A., Hesseltine, E.W., Benedict, R.G. 1957. Uma selecção de meios para manutenção e estudo taxonómico de Streptomyces. Antibiot., 947-953.

Priyanka Kishore. 2010. Isolamento, caracterização e identificação de Actinobactérias do ecossistema do Mangue, Bhitarkanika, Odisha. M.Sc Thesis, Instituto Nacional de Tecnologia, Rourkela, Odisha.

Raaman, N., Rajitha, N., Jayshree, A., Jegadeesh, R. 2012. Biodegradação do plástico por Aspergillus spp. isolado de locais poluídos com politeno em torno de Chennai. J. Acad. Indus. Res. 1(6): 313-316.

Rainey, F.A., Stackebrandt, E. 1993. Phylogenetic evidence for the relationship of Saccharococcus thermophilus to Bacillus thermoglucosidasius, Bacillus kaustophilus and Bacillus stearothermophilus. Syst Appl Appliances Microbiol 16, 224-226.

Ramachandra, M., Crawford, D.L., Hertel, G. 1988. Caracterização de uma lignina peroxidase extracelular da actinomicose lignocelulolítica Streptomyces viridosporous. Microbiologia Aplicada e Ambiental 54, 3057-3063.

Ratzlaff, J.D. da Chevron Phillips Chemical Company LP em 2004 intitulada "Polietileno: Process Sensitivity in Rotational Moulding" apresenta os resultados de um estudo sobre a sensibilidade do polietileno ao impacto das condições de processamento e discute métodos para manter altos padrões de impacto.

Reifsteck, F., Wilkinson, B.J. 1984. Hidrofobicidade/hidrofilicidade dos estafilococos.

Abstracts of the Annual Meeting of the American Society for Microbiology, K-19;p.150.

Restrepo-Florez, J.M., Bassi, A., Thompson, M.R. 2014. Degradação microbiana e deterioração do polietileno - Revisão, International Biodeterioration & Biodegradation. 88, 83-90.

Rivaton, A., Cambon, S., Gardette, J.L. 2005. Envelhecimento radioquímico dos elastómeros EPDM. 3. Mecanismo de radiooxidação. Instrumentos e Métodos Nucleares na Investigação Física B 227:357-368.

Rosa, A.P., Triguis, J.A. 2007. Processo de biorremediação na costa brasileira. Experiências de laboratório. Ambiente. Ciência. Poluente. Res., 14, 470-476.

Ruiz-Duenas, F.J., Martinez, A.T. 2009. Degradação microbiana da lignina: como um polímero recalcitrante volumoso é eficientemente reciclado na natureza e como podemos tirar proveito disso. Microb Biotechnol 2: 164-177.

Russell, J.R., Huang, J., Anand, P., Kucera, K., Sandoval, A.G. 2011. Biodegradação do poliuretano de poliéster por fungos endofíticos. Appliron Microbiol 77: 6076-6084.

Ruxanda Bodirlau, Iuliana Spiridon, Carmen-Alice Teaca. 2010. Degradação enzimática do PEBD / Mistura de amido de milho tratado com [EMIM][Cl] Líquido Iônico. Materiale Plastice .47 Nr. 2.

Sahebnazar, Z., Shojaosadati, S.A., Mohammad-Taheri, M., Nosrati, M. 2010. Biodegradação do polietileno de baixa densidade (PEBD) por fungos isolados em meio de resíduos sólidos. Gestão de Resíduos 30: 396-401.

Sahilah, A.M. 1991. Aktinomiset yang berkaitan dengan bahan buangan ternakan ayam. Tese de Licenciatura, Universidade de Malaia, Malásia

Saidi, F., Touze-Foltz, N., Goblet, P. 2008. Modelação numérica do fluxo advectivo através de revestimentos compostos em caso de dois defeitos quadrados adjacentes que interagem na geomembrana. Geotêxteis e Geomembranas 26 (2), 196- 204.

Sambrook, J., Russell, D.W. 2001. Clonagem Molecular: um Manual de Laboratório,

3ª edn. Cold Spring Harbor, NY: Laboratório do Cold Spring Harbor.

Sangale, M.K., Shahnawaz, M., Ade, A.B. 2012. A Review on Biodegradation of Polythene: The Microbial Approach. Journal of Bioremediation and Biodegradation (3) 164.

Sanger, F., Nicklen, S., Coulson, A. R. 1977. Franca, L. T. C., Carrilho, E., & Kist, T. B. L. (2002). Uma revisão das técnicas de sequenciamento de DNA. *Quarterly Reviews of Biophysics, 35*(2), 169-200.

Santo, M., Weitsman, R., Sivan, A. 2012. O papel da enzima de ligação do cobre e laccase e na biodegradação do polietileno pela actinomiacete Rhodo- coccus ruber. Int. Biodeterior. Biodegradação. 208, 1e7.

Shah, A.A., Hasan, F., Hameed, A., Ahmed, S. 2008 Degradação biológica dos plásticos: Uma revisão abrangente. Biotechnol Adv 26: 246-265.

Shalini, R., Sasikumar, C. 2015. Eficácia do Microbial Consortium on Degradation of Low Density Polythene Material Through FTIR Spectroscopy. 05-022.

Shimao, M. 2001. Biodegradação de plásticos. Moeda. Opinião. Biotecnologia. 12, 242-247.

Shirling, E.B., Gottileb, D. 1966, Methods for characterization of Streptomyces species. Int J Syst Bacteriol , 16: 313-340.

Shristi Kumar, K., Hatha, A.A.M., Christi, K.S. 2007. Diversidade e eficácia da microflora do mangue tropical na degradação dos sacos de transporte de politeno. Int. J. Trop. Biol. 55: 777-786.

Singh, V., Dubey, M., Bhadauria, S. 2012. Degradação microbiana de polietileno (baixa densidade) por Aspergillus fumigatus e Penicillium sp. Asian journal of experimental biology and science: 498-501.

Sivan, A. 2011. Novas perspectivas na biodegradação do plástico. Curr Opinião Biotecnol,; 22: 422-426.

Sivan, A., Szanto, M., Pavlov, V. 2006. Desenvolvimento do biofilme da   bactéria da decomposição do polietileno   Rhodococcus ruber. Aplicar Microbiol Biotechnol 73: 346-352.

Smith, L.C. 2009.   As implicações económicas da bolsa de plástico legislação nos Estados Unidos. Uma Tese apresentada ao corpo docente do Departamento de Economia e Negócios, The Colorado College, In Partial Fulfillment of the Requirements for the Degree Bachelor of Arts, pp. 34-36.

Smith, R. 2005. (Woodhead, Inglaterra), 357-409.

Sowmya, H.V., Ramalingappa, Krishnappa, Thippeswamy, B. 2014. Fungos degradantes de polietileno de baixa densidade isolados do lixão local do distrito de Shivamogga. International Journal of Biological Research, 2 (2) 39-43.

Stamets, P. 2005. Mycelium Running: Como os cogumelos podem ajudar a salvar o mundo. Ten Speed Press, Berkeley, Califórnia.

Starnecker, A., Menner, M. 1996. Assesment of bidegradability of plastics under simulated composting conditions in a laboratora test system, Int. Biodéter. Biodegradável. 37, 85 -92.

Sudesh, K., Abe, H., H., Doi, Y. 2007. Caracterização de componentes de amostras de filmes soprados de PEBD usados na biodegradação. Interesjournals.org. pp. 28-35.

Suryanarayana, C., Norton, M.G. 1998. "Difracção de Raio X": A Practical Approach' Plenum Publishing Corporation, Nova York.

Swift, G. 1997. Non-medical biodegradable polymers: environmen- tally degradable polymers. In: Handbook of biodegradable polymers. Hardwood Academic, Amsterdam, pp 473-511.

Tabassum Mumtaz, Husna Parvin Nur, Khan, M. R. 2006. Susceptibilidade dos Filmes de Polietileno de Baixa Densidade à Microflora de Água de Lago. 35(1): 31-37.

Takeuchi, M., Kawahata, H., Gupta, L.P., Kita, N., Morishita, Y., Ono, Y., Komai, T. 2007. Resistência ao arsénico e remoção por bactérias marinhas e não marinhas. J. Biotechnol. 127, 434-442.

Tansel, B., Yildiz, B.S. 2011. Estratégia de gestão de resíduos baseada em metas para reduzir a persistência de contaminantes em lixiviados nos aterros de resíduos sólidos urbanos. Ambiente. Dev. Sustain., 13, 821-831.

Teuten, E.L., Saquing, J.M., Knappe, D.R.U., Barlaz, M. A., Jonsson, S., Bjorn, A., Rowland, S.J., Thompson, R.C., Galloway, T.S., Yamashita, R., Ochi, D., Watanuki, Y., Moore, C., Viet, P.H., Tana, T.S., Prudente, M., Boonyatumanond, R., Zakaria, M.P., Akkhavong, K., Ogata, Y., Hirai, H., Iwasa, S., Mizukawa, K., Hagino, Y., Imamura, A., Saha, M., Takada, H., 2009. Transporte e liberação de produtos químicos de plásticos para o meio ambiente e para a vida selvagem. Filosofia. Trans. R. Soc. Lond. B Biol. Sci. 364, 2027-2045.

Thom, C., Raper, K.B. 1945. Um Manual dos Aspergilli. The Williams and Wilkins Company. USA.

Tien, M., Kirk, T. K. 1984. Proc. Natl. Acad. Sci. U.S.A. 81, 2280.

Tokiwa

Y., Ando, T., Suzuki, T. 1976. Degradação da polycaprolactona por um fungo. J Ferm Technol 54:603-608.

Tokiwa, Y., Calabia, B.P. 2004. Degradação dos poliésteres microbianos. Biotechnol Lett 26: 1181-1189.

Tokiwa, Y., Calabia, B.P., Ugwu, U.C., Aiba, S. 2009. Biodegradabilidade dos plásticos. International Journal of Molecular Sciences, 10: 3723-3742.

Tollner, E.W., Annis, P.A., Das, K.C. 2011. Avaliação das propriedades de resistência de polímeros à base de polipropileno em condições simuladas de aterros e fornos. J. Environ. Eng. 137, 291-296.

Tsuchii, A., Suzuki, T., Fukuoka, S. 1980. Degradação microbiana dos oligómeros de polietileno. Rep. Ferment. Res. Inst., 55, 35-40.

Underkofler, L.A., Barton, R.R., Rennert, S.S. 1958. Produção de Enzimas Microbianas e suas Aplicações. 6: 212-221.

Urase, T., Okumura, H., Panyosaranya, S., Inamura, A. 2008. Emissão de compostos orgânicos voláteis de locais de eliminação de resíduos sólidos e importância da gestão do calor. Gestão de resíduos. Res. 26, 534-538.

Usha, R., Sangeetha, D, Palaniswamy, M. 2011. Screening of polyethylene degrading microorganisms from garbage soil, Libyan Agric. Res. Cent. J. Int. 2 (4) 200-204.

Van Elsas, J.D., Van Overbeek, L.S. 1993. Respostas bacterianas aos estímulos do solo. *Em* "Starvation in bacteria" (S. Kjelleberg, ed.), pp. 55-79. Plenum Press New York.

Vares, T., Mika Kalsi, Annele Hatakka, Out. 1995. Lignin Peroxidases, Manganese Peroxidases, and Other Ligninolytic Enzymes Produced by Phlebia radiata during Solid-State Fermentation of Wheat Straw applied and environmental microbiology, p. 3515-3520.

Vijaya, C.H., Mallikarjuna Reddy, R. 2008. Impacto da compostagem do solo utilizando resíduos sólidos urbanos na biodegradação dos plásticos. Indiano J. Biotechnol., 7: 235-239.

Viswanath, B., Chandra, M.S., Pallavi, H., Reddy, B.R. 2008. Rastreio e avaliação da produção de lacas a partir de diferentes amostras ambientais e ronmentais. African Journal of Biotechnology, 7:1129-1133.

Viswanathan, M. , Siega-Riz, A.M. , Moos, M.K. , Deierlein, A. , Mumford, S. , Knaack, J. , Thieda, P. , Lux, L.J. , Lohr, K.N. 2008. Resultados do ganho de peso materno. Evidência Rep Technol Assess (Full Rep); (168): 1-223.

Volke-Sepulveda, T., Saucedo-Castaneda, G., Gutierrez-Rojas, M., Manzur, A., Favela- Torres, E. 2002. Biodegradação do polietileno de baixa densidade tratado termicamente por Penicillium pinophilum e Aspergillus niger. J. Appl. Polímero. Sci. 83, 305e314.

Wasserbauer, R., Beranova, M., Vancurova, D., Dolezel, B.   1990. Biodegradação de folhas de polietileno por bactérias e   fígado homogeneíza. Biomateriais 11, 36e40.

Watanabe, T., Ohtake, Y., Asabe, H., Murakami, N., Furukawa, M. 2009. Biodegradabilidade e micróbios degradantes de polietileno de baixa densidade. Journal of Applied Polymer Science 111, 551e559.

Weiland, M., Daro, A., David, C. 1995. Biodegradação do polietileno oxidado termicamente. Polym Degrad Stab;48(2):275-89.

Wen Chai, Masako Suzuki, Yuichi Handa, Masahiko Murakami, Takamitsu Utsukihara. 2008. Biodegradação do ftalato de Di-(2-etilhexilo) por fungos 9Rep.Nat'l.Food Res.Inst) No.72,83- 87.

White, M.A., Giommi, Angelini. 1995. Múltiplas funções de Ras podem contribuir para a transformação de células de mamíferos. *Célula* 80(4):533-41.

Yabannavar, A., Bartha, R. 1993. Biodegradabilidade de alguns materiais de embalagem de alimentos no solo. Biol Biochem do Solo 25:1469-1475

Yamada-Onodera, K., Mukumoto, H., Katsuyaya, Y., Saiganji, A., Tani, Y. 2001. Degradação do polietileno por um fungo, Penicillium simplicissimum. YK. Polietileno. Degrad. Stab., 72: 323-327.

Yang, H.S., Yoon, J.S., Kim, M.N. 2004. Efeitos do armazenamento de um composto maduro sobre o seu potencial de biodegradação de plásticos. Polym Degrad Stab 84: 411- 417.

Yoon, M.G., Jeon, J.H., Kim, M.N. 2012. Biodegradação do polietileno por uma bactéria do solo e uma célula recombinante clonada AlkB. J. Bioremed Biodegr. 3, 145.

Yutaka Tokiwa, Buenaventurada P., Calabia, Charles U., Ugwu, Seiichi Aiba. 2004. Biodegradabilidade dos Plásticos; Revista Internacional de Ciências Moleculares., (10): 3722- 3724.

Zenova, G.M., Zakharova, O.S., Mikhailova, N.V., Zvyagintsev, D.G. 2000. Estado ecológico dos Actinomycetes do género Actinomadura. Obtido em 7 de Junho de 2004 em http://www.maik.rssi.ru/eng/files/ soilsci. rtf.

Zhang, J., Wang, X., Gong, J., Gu, Z. 2004. Um estudo sobre a biodegradabilidade da fibra de polietileno tereftalato e do tereftalato de dietileno glicol. J. Appl. Polímero. Sci., 93, 1089-1096.